ulmer



Birgit Schattling

# MEIN GENIALER BIO-BALKON

**Mit großartigen Pflanzkombis & DIY-Projekten zu mehr Artenvielfalt und leckerer Ernte**

# INHALT

Jede Blüte zählt!

Jeder Meter zählt!

## ERNTEFRISCHES SUPERFOOD

→ Balkone, Fensterbretter und Küchentische bieten jedem die Möglichkeit, gesunde Kräuter, Gemüse, vielerlei Salate und Naschobst zu ziehen. Dazu gibt es noch regionales und saisonales vitalstoffreiches Superfood zu entdecken – zum Beispiel Brennnesseln, Giersch und Löwenzahn. Es gibt so viel mehr Geschmacksrichtungen und gesundes Pflanzengrün, als auf dem Markt üblicherweise zu finden sind. Wenige Aktivitäten sind befriedigender, als das eigene giftfreie Gemüse oder heilende Kräuter anzubauen. Dazu kommt das gute Gefühl: Natur ist Fülle, sie nährt uns.

## NATUR AUF AUGENHÖHE

→ Auch kleine Balkons und Fensterbretter haben eine bedeutende Funktion für das Stadtklima, die Ernährung und die Artenvielfalt – und damit für den Erhalt der biologischen Vielfalt. Geranien, Wechselflor, jedes Frühjahr Erde tauschen, über den Winter Tannenzweige hineinstecken – all das ist out. Naturnah gestaltete Balkons sind wertvolle Trittsteinbiotope für Insekten und hier genießen wir auf Augenhöhe. Es ist ein Erlebnis, sich selbst mit Schönheit und Natur zu umgeben und auf dem eigenen Balkon Wildbienen, Schmetterlinge und Vögel zu bewirten. Naturschutz beginnt auf dem Balkon.

## MIKROKLIMA SCHAFFEN

→ Die Zahl der Hitzetage mit über 30 °C hat in den letzten Jahren kräftig zugelegt. Gerade in den Städten führt die Wärmeglocke zu Stressbelastungen für Menschen, Tiere und Vegetation. Pflanzen binden $CO_2$ und produzieren Sauerstoff, spenden Schatten, filtern Feinstaub und sorgen durch Verdunstung für ein angenehmes Mikroklima, senken die gefühlte Temperatur spürbar. Auch Mini-Teiche und sprudelndes Geplätscher sind wohltuend für unser Auge und regulieren die Umgebungstemperatur. Begrünung reduziert die Wärmebelastung deutlich. Daher gilt das Motto: Begrünen, was das Zeug hält!

## BALKONGÄRTNERN IST MAGIE

→ Ein Balkongarten verändert sich täglich, jeden Tag ist er wie ein anderer Ort, ein Wohlfühlort. Hier lassen sich die Jahreszeiten intensiv miterleben. Wunderschön blühende und essbare Pflanzen schenken täglich freudige Momente und unvergessliche Erlebnisse. An kalten Wintertagen können Kohlrabi, Grünkohl und Asia-Salate geerntet werden. Lassen wir sie weiterwachsen, beobachten wir im Frühjahr an deren leuchtend gelben Blüten Insekten beim Naschen. Daraus bilden sich Samen, aus denen wir Jungpflanzen ziehen können. Ein Kreislauf direkt auf unserem grünen Wohnzimmer.

## GELD SPAREN, GESUND ESSEN

→ Balkongärtnern funktioniert sehr preiswert. Essbare Begrünung übers ganze Jahr ist machbar, ebenso ein vielfältiges Blütenangebot vom zeitigen Frühjahr bis in den Herbst hinein. In Dauererde und gedüngt mit Wurmhumus aus den eigenen Bioabfällen. Erntefrische gesunde Selbstversorgung ist machbar, wo gerade alles teurer wird. Denn ein Samenkorn trägt alles in sich, was es braucht, um zur kräftigen Pflanze zu wachsen. Bei Gemüse geht das schnell – innerhalb weniger Wochen. Du wirst es lieben. Dazu das Wissen: giftfrei, plastikfrei und unverpackt.

## GÄRTNERN BRINGT GLÜCK

→ Einen eigenen Garten zu haben und zu pflegen, bedeutet für viele Menschen ein Stück Lebensqualität. Ein Balkongarten ist befriedigend. Mit den Händen in der Erde zu wühlen, regt die Produktion von Dopamin und Serotonin an. Beide fördern das Immunsystem und machen uns glücklich. Serotonin ist auch ein natürliches Antidepressivum, Dopamin wird vor allem beim Ernten freigesetzt. Zahlreiche Studien belegen: Gärtnern entspannt, der Blutdruck sinkt und vorhandener Stress nimmt ab. Diese gute Stimmung spürt jeder. Also: Vier-Jahreszeiten-Gärtnern!

Wirbeldost
Zimbelkraut
??
Echtes Labkraut
Pechnelke
Taubenskabiose
Skabiosenflockenbl.
Heilziest
Oder-mennig
Wundklee

# EFFEKTIVE GEFÄSSE

Alles ist möglich. Urban Gardening zeigt, wie Upcycling funktioniert. Praktische, leichte, langlebige, platzsparende Pflanzgefäße zu finden, die sich in der Praxis für effektiven Anbau bewähren und gut aussehen, ist gar nicht so einfach. Aus Gewichtsgründen finde ich Pflanzgefäße aus gutem Plastik sinnvoll, zur Vereinfachung des Gießaufwandes mit integriertem Wasserspeicher. Außerdem Vertikalanbau in Vertikalbeeten zur besten Ausnutzung der Fläche.

# ICH MACH'S KURZ

Bei der Auswahl meiner Pflanzgefäße achte ich besonders auf Langlebigkeit, Effizienz beim Gärtnern, Lebensmittelechtheit, Platzausnutzung, Flexibilität, Gewicht, Wasserspeicherfähigkeit und Optik. Oben auf der Brüstung haben sich klassische stabile Balkonkästen mit Wasserspeicher und dort integrierter Überlauffunktion – in der Länge von 60–90 cm mit Aussteifungsstrebe – bewährt. Auf dem Boden stehend sind stabile rechteckige 70-l-Pflanzgefäße meine erste Wahl, auch aus Polypropylen, mit Wasserspeicher, Aussteifungsstrebe und Rollen darunter.

## Am besten sind große Pflanzgefäße

Ideal sind die größtmöglichen Pflanzgefäße, die der Platz des eigenen Balkons zulässt. Wegen des geringen Gewichts wähle ich solche aus lebensmittelechtem Plastik (weichmacherfreies Polypropylen, möglichst Recycling-Kunststoff) mit Wasserspeicher sowie Vertikalbeete. Die bekannten schwarzen Mörtelwannen aus dem Baumarkt sind von der Größe zwar günstig, um den Pflanzgemeinschaften ausreichend Wurzelraum zu bieten, enthalten aber Weichmacher. Deshalb verwende ich diese nur für eine insektenfreundliche Staudenbepflanzung bzw. Wildblumenwiese. Besser sind aber große Pflanzgefäße mit den Bezeichnungen lebensmittelechte Mörtelwanne, Futterwanne oder Wildeimer, aus denen man sich leicht einen Topf mit Wasserspeicher bauen kann: Dazu bohrst du etwa 3 cm von unten mehrere Löcher in die Seitenwände des Pflanzgefäßes und befüllst es mit Blähtonkugeln. Obenauf kannst du ein Vlies oder altes Baumwollshirt legen, damit sich das Substrat nicht mit den Tonkugeln vermischt.

In großen Töpfen lassen sich die Pflanzen leichter pflegen, denn es verdunstet weniger Wasser. So musst du selbst auf einem heißen Südbalkon nicht täglich gießen, wenn du mulchst, noch seltener (siehe Seite 46). Im großen Pflanzgefäß

*Die Größe der Töpfe hat enormen Einfluss auf den Zeiteinsatz fürs Gießen und das Wachstum der Pflanzen. Je größer, desto einfacher gärtnert es sich.*

PRIMA UMGESETZTE VERTIKALE PLATZAUSNUTZUNG. PFLANZGEFÄßE SICHERN, VOGELTRÄNKE UND -FUTTERSTELLE SO AUFSTELLEN, DASS KEINE NACHBARN BELÄSTIGT WERDEN.

wachsen die Pflanzen stressfreier, stabiler und gesünder: Sie unterstützen sich gegenseitig und es bildet sich ein kleines Ökosystem. Im größeren Wurzelraum können sie ausgeglichener Wasser und Nährstoffe aufnehmen, wovon im größeren Erdvolumen mehr gespeichert werden kann.

## Upcycling-Varianten

Preiswerte Varianten sind die weißen Plastikeimer oder Eisbehälter vom Imbiss oder von Gaststätten. Bestens geeignet und oftmals kostenfrei erhältlich sind sogenannte Bäckerkisten, in denen Backwaren transportiert wurden oder Pilzkisten aus der Produktion von Speisepilzen. Das Lebensmittel-Echtheitszeichen auf der Unterseite (ein Glas mit Gabel) garantiert, dass keine Weichmacher enthalten sind. Preiswerte Varianten beispielsweise für den Anbau von Kartoffeln sind Jutesäcke von Kaffeeröstereien, Reissäcke oder aufgeschnittene Erdsäcke.

Einzelne kleine Pflanzgefäße haben sich in der Praxis gerade für mediterrane Kräuter und Wildblumen bewährt, die nur wenig Wasser und Nährstoffe benötigen. Einfache Töpfe finden sich kostenfrei auf Friedhöfen im Müll oder in der Blumenabteilung vom Supermarkt und erfahren so eine Zweitnutzung. Schaue nach großen Pflanzgefäßen auf dem Wertstoffsammelhof, auf Trödelmärkten, in Kleinanzeigen im Wochenblatt oder im Internet auf *nebenan.de* und *Free Your Stuff*, einer Verschenk-Plattform. Dort findet sich vieles umsonst oder für wenig Geld. Natürlich kannst du auch in aufgeschnittenen Getränkekartons, Tassen, Kaffeedosen oder Joghurtbechern gärtnern. Wichtig ist ein Wasserablauf oder perfektes Gießen, um Staunässe zu verhindern. Es ist so viel mehr möglich, als man denkt, eigenverantwortlich das eigene Umfeld zu begrünen und Frisches zu ernten. Größtmögliche Pflanzgefäße machen es einfacher und erfolgreicher.

FEATURE

# NACHHALTIG FERTIG GEDACHT

Meine Erfahrung ist: Über das Balkongärtnern weitet sich der Blick. Wir sehen Pflanzen mit anderen Augen, erkennen den hohen Wert heimischer Wildpflanzen für unsere Insekten und Vögel – und vor allem für unsere eigene Ernährung. Wir sehen außerhalb unserer Balkons an den Straßenrändern auf einmal Wildpflanzen. Wir erfahren uns als Teil der Natur. Wir spüren, alles hängt zusammen und beeinflusst sich. Jeder Meter zählt! Jede Blüte zählt! Balkons sind Trittsteinbiotope für Insekten und andere Tiere. Genau wie die Fensterbretter. Auch den wahren Wert, die große Befriedigung der erntefrischen Selbstversorgung vom Balkon und auch vom Fensterbrett, muss man einfach selbst erleben. Dazu die Freude und Lebendigkeit von in den 6. oder sogar bis in den 8. Stock hochfliegenden Wildbienen, Schmetterlingen und Vögeln zu fühlen. Wir können nur schätzen und schützen, was wir kennen und verstehen. Dieser direkte Naturkontakt mitten in der Stadt lässt uns tief spüren, was wir in der Natur gerade in riesigem Ausmaß an Biodiversität und Arten verlieren. Wir erleben Vielfalt und erkennen Chancen, diese zu erhalten. Mehr frische pflanzliche Ernährung mit hoher Nährstoffdichte, weniger

Fleisch, weniger Abfall, Mehrfachnutzungen, wenn dann Wertiges kaufen. Jeden Tag wählen wir mit unseren Entscheidungen, wie unsere Welt aussehen soll. Am Regal vom Supermarkt oder wir kaufen regional und biologisch erzeugte Lebensmittel bzw. wir bauen möglichst viele hochwertige Nahrungsmittel ohne großartige technische Unterstützung in humusreichem Dauersubstrat ganzjährig selbst an – auf Balkon, Fensterbrett und auf dem Küchentisch. Wenn im eigenen Haushalt Kinder leben, natürlich zusammen mit ihnen. So lernen sie Pflanzen, Tiere und deren Wert spielerisch kennen.

#machsnachhaltig

# VERTIKALES BALKONGÄRTNERN

Wer viel anbauen und sich mit vielen Blühpflanzen umgeben möchte, sollte seinen Platz bestens ausnutzen. Zudem haben Anzahl und Größe der Pflanzen einen entscheidenden Einfluss auf das Mikroklima vom Balkon. Berücksichtige bei der Balkongestaltung zuerst eine gemütliche Sitzecke und wähle größtmögliche Pflanzgefäße mit viel Wurzelraum. Schön ist, wenn du auch hoch wachsende Pflanzen, beispielsweise Gehölze wie Felsenbirne, Aroniabeere, Säulenobst oder Johannisbeere, verwendest. An Holzspalieren, Schnüren oder Gittern aus Armierungseisen lassen sich Rankpflanzen wie Wein, Wilder Wein, Hopfen, Kiwi und Brombeere ziehen. Einjährige Varianten sind Hokkaido-Kürbisse, Tomaten, Bohnen, Erbsen, Inka-Gurken, Mexikanische Minigurken, Süßkartoffeln, rankende Kapuzinerkresse und Wicken. Nutze an der Decke befestigte Hängeampeln mit Mauer-Zimbelkraut, dauernd tragenden Erdbeeren, Kapuzinerkresse oder Hänge-Rosmarin. Eine komplett essbare Beschattung ist möglich. Der kühlende Effekt durch Beschattung und Verdunstung ist schnell und deutlich spürbar und die passende Reaktion auf die Klimaänderung. Vor dem Anbohren von Decke und Wänden ist Rücksprache mit dem Vermieter bzw. Eigentümer erforderlich, ebenso zur zulässigen Traglast.

### *Viel besser als Hochbeete sind Vertikalbeete*

Vertikalbeete für effektiven Vertikalanbau bieten mehr Anbaufläche als Hochbeete, denn die Grundfläche vervielfacht sich. Verschiedene Hersteller bieten Fertigbausätze aus Holz oder Metall an, die man einfach nach Anleitung selbst aufbaut. Sie können als Wandverkleidung, Sicht-, Wind- und Sonnenschutz dienen, man kann auch ein Geländer daraus bauen. Bei den Vertikalbeeten gibt es aufgrund der Punktbelastung in der Regel keine Probleme mit der Traglast. Bei Hochbeeten ist es problematisch, wenn diese vom Balkonboden bis auf Arbeitshöhe mit Substrat befüllt sind. Für Balkons sind Tischhochbeete geeignet, darunter können Materialien verstaut werden.

*Bevor die Wände angebohrt werden (hier Rankgitter für Wein), ist meist eine Erlaubnis vom Vermieter erforderlich. Die äußeren Balkonkästen gut sichern.*

*Diese selbststehenden Vertikalbeete werden nicht an der Wand befestigt. Der Platz ist mit viel Wurzelraum 6-fach ausgenutzt aufgrund der durchgehenden Erdrückwand.*

Die stabilen Vertikalbeet-Modelle auf meinem Balkon sind selbststehend, und nicht mit der Wand verbunden. Die Hauswand braucht nicht angebohrt zu werden und strahlt trotzdem Wärme ab. Zur Hauswand ist Abstand, sodass Luft zirkulieren kann. Die Rückwand bildet ein von unten bis oben durchgehender Erdkörper. Wandwärts wird das Erdsubstrat von einer Platte gehalten, nach vorn offen in abnehmbaren Erdtassen. Die Wurzeln wachsen zum durchgehenden, aufgrund der automatischen Bewässerung feuchten Erdkörper. Es ist ganz unglaublich, wie viel besser die Pflanzen mit dieser durchgehenden Erdsäule gedeihen und das ganze Jahr über eine ertragreiche Ernte bescheren.

Aufgrund der Bauweise brauchen Vertikalbeete verhältnismäßig wenig Substrat. Dadurch fällt weniger Gewicht an und weniger Gießwasser wird benötigt. In die oberste Etage kommen hochwachsende Pflanzen wie Tomaten, Beerenobst, Paprika, Fenchel, Physalis oder *Artemisia annua* (siehe Seite 85 und 87). In den unteren Tassen wachsen Salate, Kräuter oder Erdbeeren. Setze vorgezogene kräftige Jungpflanzen schräg in angeschrägt eingefülltes Substrat ein, damit deren Wurzeln gleich in Richtung Erdwand zur Feuchte wachsen.

## Die schlechtere Variante: mehrere Balkonkästen übereinander

In Holz- oder Metallgestellen stehen Kästen in mehreren Etagen übereinander. Teils sind die Etagen leicht nach vorn gekippt, damit etwas mehr Licht hineingelangt. Sie bieten den Vorteil der mehrfachen Platzausnutzung, aber nicht den Vorteil einer durchgehenden Erdrückwand bzw. Erdsäule mit viel Platz für das Wurzelwerk. Der Boden des darüber stehenden Kastens gibt die Wuchshöhe der Pflanzen darunter vor. Mit handwerklichem Geschick lassen sich maßgenaue qualitativ hochwertige und doch preisgünstige Vertikalgärten für die ganzjährige Selbstversorgung realisieren. Die Bastler sind hochzufrieden mit ihren zugewachsenen Wänden voller Salat und Kräuter und schwärmen vom angenehmen Mikroklima.

urbalive

# GUT VER-SORGT UND GEPFLEGT

Neben Sonnenlicht, Wasser und Nährstoffen ist gutes Substrat die Basis für gesundes Pflanzenwachstum. Erde ist der gewachsene natürliche Boden in Natur und Garten. Die für den Topf verwendeten Substrate sind Erdgemische aus verschiedenen Komponenten, versetzt mit Düngeranteilen. Die Auswahl in den Gartencentern ist riesig, doch der wichtige Faktor Bodenleben (Mikroorganismen) wird selten berücksichtigt.

# DAS KOMMT IN DEN TOPF

Gutes Substrat für unsere Pflanzen muss Wasser gut halten können, aber auch gut drainieren bei zu viel Gieß- oder Regenwasser, denn Staunässe bekommt unseren Pflanzen meist nicht. Das Substrat soll strukturstabil sein, also Verdichtung, Verklumpung und Verhärtung vermeiden, damit die Wurzeln ausreichend Sauerstoff und Nährstoffe erhalten. Im lockeren Substrat wachsen die Wurzeln gut, und über ein gut ausgebildetes Wurzelwerk können Nährstoffe sowie Wasser langsam und gleichmäßig aufgenommen werden.

Wer Erde kauft, für den sind zwei Substrattypen ausreichend: Aussaaterde bzw. Kräutererde für das Aussäen von Jungpflanzen und die Anzucht von Stecklingen. Mediterrane Kräuter wie Thymian, Lavendel und Salbei benötigen ebenfalls nährstoffarme Erde, ersatzweise geht Maulwurfshügelerde. Für alles andere ist eine torffreie Bio-Gemüse-Erde, Pflanz- oder Universalerde geeignet, die jeweils an den Bedarf der Pflanze angepasst wird (siehe Seite 21).

## Achte auf Torffreiheit

Ökologische und Klimaschutzgründe sprechen ausschließlich für torffreies Substrat. So wird beim Abbau der Moore in großen Mengen $CO_2$ freigesetzt. Einmalige, schützenswerte Biotope werden zerstört und den dort lebenden, an den nährstoffarmen, sauren Boden angepassten Tier- und Pflanzenarten die Lebensgrundlage entzogen. Auch die langen Transportwege sind klimaschädlich. Auf die etwas anderen Eigenschaften der Torfersatzstoffe (Holzfasern, Kompost, Rindenhumus, Reisspelzen, Kokosfasern) muss man sich einstellen. Substrate mit Torfersatzstoffen trocknen oberflächlich schnell ab, was dann – irrtümlicherweise – nach Gießnotwendigkeit ausschaut. Sie benötigen oftmals auch mehr Düngung, weil der Abbau von Holzfasern immer mehr Stickstoff verbraucht. Markenprodukte namhafter Hersteller sichern eine gute Strukturstabilität und Wasserhaltefähigkeit. Die Torffreiheit muss auf dem Erdsack als „torffrei“ bzw. „ohne Torf“ ausgewiesen sein. „Torfreduziert“ ist nicht ausreichend.

## Schutz vor Staunässe

Grundsätzlich braucht jedes Pflanzgefäß ein Abzugsloch oder ein Überlaufsystem, sonst gehen die Pflanzen durch Staunässe ein oder ertrinken bei Starkregen – es sei denn, der Balkon ist nicht dem Regen ausgesetzt, das Gefäß enthält eine Drainageschicht oder du beherrschst das perfekte Gießen. Ist kein Loch vorhanden, muss es eingeschnitten werden. Damit Gießwasser nicht ausgespült wird, decke die Abzugslöcher im Boden mit einer nach oben gewölbten Tonscherbe oder einem passenden Stein ab. Gegen Staunässe und drohendes Verfaulen der Wurzeln wird oft eine Drainageschicht aus Blähton, Kieselsteinen, Splitt, Schotter oder grobem Kies empfohlen. Sie ist zwingend erforderlich, wenn das Pflanzgefäß kein Abzugsloch hat oder wenn

*Eine Drainageschicht aus Tonkugeln (links), abgedeckt mit einem Gartenvlies (rechts), verhindert Staunässe. Aber meist ist für die Pflanzen mehr Wurzelraum sinnvoller.*

der gelochte Topf auf einem Untersetzer steht. Kann das Wasser über ein Abzugsloch ablaufen, ist der Pflanze oftmals mit mehr Wurzelraum besser gedient, eine Drainageschicht ist nicht immer notwendig. Ein Vlies zwischen Drainage und Substrat verhindert Einschwemmungen und ermöglicht leichtes Recyceln.

Beim Pflanzen wird das Gefäß etwa halbhoch mit passendem Pflanzsubstrat gefüllt und angedrückt. Die Pflanze wird nur so tief im neuen Topf eingesetzt, wie sie im alten Topf über die Substratoberfläche hinausragte. Fülle die Lücken um den Wurzelballen mit Substrat auf und drücke beherzt fest, damit die Wurzeln guten Kontakt zum Substrat bekommen. Wichtig ist ein Gießrand von ca. 1,5 cm bis zur Gefäßkante, damit beim Gießen kein Wasser herausläuft. Nun kräftig angießen, dabei unterstützen Effektive Mikroorganismen, Komposttee (siehe Seite 27) oder Pflanzenhomöopathie die Wurzelbildung. Um schnelles Wurzelwachstum zu fördern, solltest du an den nächsten Tagen nicht gießen. Wird nach dem Setzen zu häufig gegossen, bleiben die Wurzeln relativ flach an der Oberfläche und bilden sich nicht kräftig aus. Wichtig ist nach Aussaaten und Pflanzungen die Beschriftung, was in welchem Pflanzgefäß steckt. Viele beschriften gern Holzstiele von Eis am Stiel oder Holzstäbe mit Kugelschreiber, alles hält nur eine Saison. Sinnvoll ist das Führen eines Balkontagebuches. Diejenigen, die diszipliniert eins führen, empfinden es als sehr hilfreich. Sie notieren Namen/Sorten und Standort der Aussaaten bzw. Pflanzungen, schreiben Erfolge und Misserfolge dazu und können so dauerhaft über die Jahre ihre eigenen Erfahrungen nachschlagen.

#machsnachhaltig

# ALTE ERDE AUFPEPPEN

*Gebrauchte Erde ist immer wieder aufpeppbar. Wurmhumus aus einer Wurmkiste bringt Nährstoffe und das wertvolle Bodenleben, die Mikroorganismen.*

Eine oft gestellte Frage: Muss ich jedes Frühjahr neue Erde kaufen? Nein. Du hast verschiedene Möglichkeiten, die Erde aufzupeppen, dem Bedarf der Pflanze anzupassen und weiterzuverwenden. Du kannst im Pflanzgefäß Humusaufbau betreiben, damit $CO_2$ speichern und dir eine Dauererde schaffen. Das vermeidet Plastikabfall, Transportwege, Torffabbau und Schlepperei. Bepflanzt du neu, schüttest du praktischerweise das Pflanzgefäß auf Zeitung oder einem aufgeschnittenen Erdsack aus. Lockere die Erde und sortiere grobe Wurzelstücke heraus. Befinde anhand Wachstum und Art der bisher dort wachsenden Pflanzen, ob das Substrat ausgelaugt ist. Nun reicherst du in Abhängigkeit des Bedarfs der neu zu setzenden Pflanzen mit Nährstoffen und Bodenleben an und mischst gut durch. Die in Wurmhumus, Kompost und Bokashi enthaltenen Mikroorganismen wirken sich sehr günstig auf die Pflanzengesundheit und die Vitalstoffe der zu ziehenden Pflanzen aus. Schau, was du zu Hause hast, was dich anspricht und finde deinen optimalen Weg aus den hier genannten Varianten.

*Bokashi, eine Fermentation der Bioabfälle, verbraucht mehr Platz und muss vorher ablagern. Eventuell muss man Effektive Mikroorganismen dazu kaufen.*

- **Wurmhumus**: Eine Auffrischung der Erde gelingt dir durch Anreicherung mit 10 % Wurmhumus (siehe Seite 24) aus der Wurmkiste für Schwachzehrer (Salate, Radieschen, Bohnen) und Mittelzehrer (Möhren, Spinat, Mangold). Für Starkzehrer mit hohem Nährstoffbedarf (Tomaten, Zucchini, Paprika) kannst du 15 % Wurmhumus untermischen oder auf die Pflanzgefäße obendrauf streuen.
- **Kompost**: Unter die alte Erde 1/3 Kompost mischen.
- **Bokashi**: Als Bokashi bezeichnet man die Fermentierung von Küchenabfällen mittels Effektiver Mikroorganismen (EM). Beim Bokashi verringert sich während des Fermentationsprozesses nicht das Volumen, während in der Wurmkiste das Volumen des Bioabfalls auf circa 20 % abnimmt. Bei Neupflanzungen kommt als unterste Schicht Bokashi in das Pflanzgefäß, der zwei Wochen abgelagert ist. Die Wurzeln sollten mit diesem frischen scharfen Bokashi noch nicht in Kontakt kommen.
- **Hornspäne, Horngrieß oder Hornmehl**: Diese zerkleinerten Kuhhörner und -klauen sind sehr stickstoffhaltig und kommen oft von weit her. Das feine Hornmehl gibt die Nährstoffe am schnellsten ab, bei Horngrieß und vor allem den Hornspänen dauert es länger, bis sie sich zersetzen und somit den Stickstoff abgeben.
- **Schafwollpellets bzw. Rohwolle**: Dieses reine Naturprodukt aus in Spinnereien nicht verwertbarer Schafschurwolle mit hohem Stickstoffanteil düngt großartig. Es speichert das 3,5-fache des eigenen Gewichts an Wasser und lockert den Boden auf. Die Nährstoffe werden im Laufe von etwa 5 Monaten pflanzenverfügbar.
- **Mist aus ökologischer Landwirtschaft**: Die Verwendung von abgelagertem Mist ist eine althergebrachte Variante.

Wer keine tierischen Produkte verwenden möchte, kann in die Erde vor der Bepflanzung zerkleinerte Brennnesselblätter, Kleepellets oder Kakaoschalen hineingeben, gerade bei den Tomaten als Starkzehrer gleich zwei Handvoll ins Pflanzloch. Käuflich zu erwerbende Dünger enthalten oftmals Knochenmehl und Federn, schaue auf die Angaben zu den Bestandteilen auf der Verpackung.

Es ist eine tolle Sache, dass wir die Erde nicht wegzuwerfen brauchen, sondern immer wieder aufarbeiten und verwenden können. Du kannst Pflanzenkohle aus gesicherten Herkünften zugeben, dann entsteht Terra Preta. In der Pflanzenkohle werden mithilfe von Mikroorganismen dauerhaft große Nährstoffmengen gespeichert und langsam abgebaut. Günstig ist auch immer die Zugabe von Urgesteinsmehl mit natürlichen Mineralien wie Magnesium, Kalzium und Kalium und Mykorrhizapilze.

# WIE, WANN UND WOMIT DÜNGEN?

Für Anfänger am einfachsten ist Flüssigdünger aus der Flasche. Auf dem Etikett steht, wann und wie viel gedüngt werden soll. Diese starren Anweisungen, die sich auch auf den Webseiten der Düngerhersteller finden, überzeugen mich gar nicht. Zudem müssen wir damit ständig industriell hergestellte Dünger in Plastikflaschen nachkaufen, wo wir doch Dünger in vielerlei Varianten selber herstellen können – und das auch noch kostenfrei: beispielsweise aus unserem eigenen Bioabfall als Wurmhumus oder Bokashi oder aus gesammelten Wildkräutern als Jauche, Aufguss/Tee oder Brühe. Sogar ein Brennnesselsmoothie für Pflanzen ist möglich (siehe Seite 23).
Kritisch zu sehen ist die Verwendung von mineralischem Dünger, der mit einem enorm hohen Energieaufwand hergestellt wird, beispielsweise Blaukorn. Diese mineralischen Dünger können durch Überdüngung sogar unsere Pflanzen verbrennen. Mit organischem Dünger passiert das nicht, denn die Pflanzen nehmen sich über das Wurzelwerk, was sie benötigen. Wir Biogärtner „füttern" sozusagen das Substrat mit organisch gebundenen Nährstoffen, die die Mikroorganismen für die Pflanzen verfügbar machen. Diese organischen Dünger stärken die Fruchtbarkeit des Bodens und fördern zudem eine gute Verwurzelung der Pflanzen.

## *Düngen ist Pflanzenstärkung*

Wir können auch mit den Varianten düngen, mit denen wir die Erde aufpeppen (siehe Seite 19). Bedarfsgerechte Düngung ist gleichzeitig auch eine Pflanzenstärkung, denn eine ausgewogen ernährte Pflanze wird selten krank. Auch Mulchen ist eine Düngung: Wenn die Mikroorganismen und die durchaus in Pflanzgefäßen vorhandenen Kompostwürmer den aufgelegten Rasenabschnitt verdauen, wirkt es düngend. Schaue danach, was dir sympathisch ist, wovon du dich angesprochen fühlst, mache deine eigenen Erfahrungen. Habe im Hinterkopf: Viel hilft nicht immer viel.
Die Pflanzen zeigen uns deutlich, wenn sie etwas benötigen. Achte auf den Zustand und das Wachstum der Pflanzen. Benötigen sie Wasser, hängen die Blätter herunter. Kräftiges und dunkelgrünes Blattwerk benötigt wenig bzw. keinen Dünger, gelbliche Blätter und fehlendes Wachstum zeigen einen Nährstoffmangel an, meist fehlt Stickstoff. Anfänger hätten meist gern eine genaue Angabe zum Düngen. Doch es hängt davon ab, was angebaut werden soll und wie „ausgelaugt" die Erde ist. Vor allem dürfen wir unserer eigenen Intuition vertrauen, dann werden wir das richtige Mischungsverhältnis finden. Und es fließt ein, was wir zu Hause haben bzw. leicht beschaffen können. Frag die Pflanze, wie und was sie gerne hätte, verbinde dich mit ihr und folge dem Impuls, den du dann hast. Du wirst überrascht sein, wie deine Pflanzen es dir danken. So machst du deine eigenen Erfahrungen und gehst auf jede Pflanze individuell ein.

## Grunddüngung zur Pflanzung

Bei der Grunddüngung, also der Pflanzung der Jungpflanze in hochwertiges Substrat, unterstützen wir ausschließlich die Starkzehrer wie Tomaten und Zucchini sofort mit einer Düngergabe nach Wahl ins Pflanzloch: Wurmhumus, Kompost, Hornspäne, Mist, Schafwollpellets oder klein geschnittene Brennnesseln. Für Mittel- und Schwachzehrer reicht die hochwertige frische bzw. aufgepeppte Erde, in die gepflanzt wird.

Etwa 8–12 Wochen nach dem Einpflanzen sind die Nährstoffe im Substrat verbraucht. Dann ist Nachdüngung angesagt. Bei der als Sackware gekauften Erde steht auf dem Erdsack, wann du nachdüngen solltest. Achte auf die Zeichen der Pflanzen, überdünge nicht. Überdüngen führt zu mastigen, weichen Trieben, das macht die Pflanzen anfällig für Blattläuse und Krankheiten. Ab August wird nicht mehr gedüngt, damit die Pflanzen nicht mit jungen, unausgereiften und frostgefährdeten Trieben in den Winter gehen.

Wildpflanzen von Mager- und Trockenstandorten haben einen niedrigen Nährstoffbedarf. Hier kann mäßig ab dem zweiten Jahr mit Hornspänen oder Bio-Flüssigdünger einmal im Frühling (März) und einmal nach dem Rückschnitt im Juni gedüngt werden. Auch diese Pflanzen zeigen uns, wenn sie Nährstoffe benötigen. Gute Erfahrungen für diese Wildpflanzen liegen mit Komposttee vor.

#machsnachhaltig

# DÜNGER SELBST GEMACHT

Brennnesseln sind ein hervorragender kostenfreier Stickstofflieferant. Einfach zerkleinert ins Pflanzloch hinein oder als Mulchmaterial obenauf legen.

Althergebracht werden Brennnesseln verjaucht, was leider stark stinkt. Zeitgemäßer ist ein Brennnesselsmoothie, das Pürieren in einem Mixer.

Tatsächlich kann in der Wohnung und auf dem Balkon kompostiert werden. Nur Mut! In der Wurmkiste oder Wurmfarm wird aus dem im Haushalt anfallenden Biomüll fast geruchlos Wurmhumus hergestellt. Genau wie der althergebrachte Kompost vom Komposthaufen ist Wurmhumus Dünger, Bodenverbesserer und Futter für die Bodenlebewesen in einem. Auch ohne Kompostwürmer und Wurmkiste ist es möglich, Bioabfälle zu verkompostieren, indem sie direkt im großen Pflanzgefäß vergraben werden. Eine andere Alternative ist, ein Rohr mit Öffnungen mittig in einem Hochbeet oder großem Pflanzgefäß zu vergraben. In dieses Rohr kommen dann die Kompostwürmer und werden mit frischem Abfall gefüttert.

## *Kräuterjauchen*

Eine althergebrachte Art der biologischen Düngung sind Kräuterjauchen aus getrockneten oder frischen Kräutern wie Brennnesseln, Ackerschachtelhalm oder Rainfarn, die mit (Regen-) Wasser angesetzt und vergoren werden. Fülle ein großes Gefäß aus Kunststoff, Keramik oder Holz (kein Metall) zur Hälfte mit Kräutern und Wasser. Lasse die letzten 10 cm bis zum Rand frei, da ein Gärprozess stattfindet. Folgende Faustregel gilt: 1 kg der frischen Kräuter oder 150 g der getrockneten Kräuter oder Pulver daraus mit 10 l Wasser ansetzen. Verschließe das Gefäß mit einem nicht luftdicht schließenden Deckel, rühre gelegentlich um. In Abhängigkeit von der Außentemperatur ist die Kräuterjauche nach 2–3 Wochen fertig. Im Verlauf des Gärprozesses trübt sich das Wasser, es wird dunkelbraun, zum Schluss schäumt es nicht mehr und ist eine dunkle Brühe mit vergehenden Kräuterresten. Die Zugabe von Urgesteinsmehl, das an sich schon bodenverbessernd wirkt, verringert den Geruch. Zum Ausbringen mit dem Gießwasser verdünne die Jauche im Verhältnis 1:10.

## *Brennnesselsmoothie*

Für die moderne Variante Brennnesselsmoothie püriere frische junge Brennnesseln oder andere Kräuter in einem Mixer mit Wasser. Vor dem Ausbringen auf die Pflanzgefäße verdünne ca. 200 ml Smoothie mit 10 l Wasser. So sind die Inhaltsstoffe der Brennnesseln schnell pflanzenverfügbar, wir füttern damit wieder unsere Mikroorganismen. Starkzehrer bekommen den Smoothie maximal dreimal in der Saison, Mittelzehrer nur einmal. Wenn wir von Düngung sprechen, wird in Wirklichkeit das Bodenleben gefüttert. Die Bodenlebewesen wandeln die organischen Abfälle – also ihr Futter – in kurzer Zeit in fruchtbare Erde um, die wiederum unsere Pflanzen ernährt.

Kaffeesatz ist ein hervorragender Dünger, nicht nur für Pflanzen, die einen eher sauren Boden bevorzugen (z. B. Heidelbeeren). Es liegen beste Erfahrungen vor, ihn pur aufzustreuen und einzuarbeiten, wegen Schimmelgefahr besser getrocknet. Eierschalenpulver gibt noch Kalzium und neutralisiert gleichzeitig die Säure vom Kaffeesatz. In der Wurmkiste tolerieren die Würmer 50 % Kaffeesatzanteil. Bei wem richtig viel Kaffeesatz anfällt, könnte darauf ideal Speisepilze züchten. Kleingeschnittene (getrocknete, pulverisierte) Bio-Bananenschalen haben sich ebenfalls als Dünger bewährt. Probiere es aus. Es ist immer gut verschiedene Optionen zu haben, um dann die passende auswählen zu können. Natürlich kannst du eine Unmenge an verschiedenen Dingen zur Bodenverbesserung teuer käuflich erwerben. Wenn du nachrechnest, wird dann das eigene Gemüse vielleicht sogar teurer, als es im Bioladen zu kaufen ist. Das Hauptargument aber bleibt, dass wir wieder Leben und Humus in die Böden bringen müssen, um daraus vitalstoffreiche Pflanzen zu ernten. Ein gesundes, vielfältiges Bodenleben ist dafür die Grundlage!

# WURMHUMUS IST DAS OPTIMUM

Wurmhumus, auch Wurmkompost genannt, enthält mehr Stickstoff, Phosphat, Kalium und Magnesium als Gartenkompost. Diese Nährstoffe sind fest in Ton-Humus-Komplexen gebunden und werden über einen längeren Zeitraum kontinuierlich freigesetzt. Auch viel Kieselsäure ist enthalten, die die Zellwände der Pflanzen stärkt. Aufgrund seiner herausragenden Düngekraft wird Wurmhumus zu Recht „Schwarzes Gold" genannt. Er steckt voller Mikroorganismen, die wir beim ökologischen Gärtnern haben wollen – Bodenlebewesen für unsere Pflanzgefäße. Hergestellt wird er in einem Naturkreislauf aus den eigenen Bioabfällen. Wurmhumus ist im Handel erhältlich, allerdings ziemlich teuer und oftmals schlecht gelagert.

Die in der Küche und auf dem Balkon anfallenden organischen Reste werden in einem Behälter gesammelt, von Bodenlebewesen in der Kiste verzehrt, von denen sich wiederum die Kompostwürmer ernähren. Deren Ausscheidungen sind der Wurmhumus. Durch die Aktivität der Mikroorganismen und Kompostwürmer in der Wurmkiste reduziert sich der Bioabfall auf ein Fünftel bis Zehntel. Andere Bezeichnungen sind Wurmfarm, Wurmkompost, Wurmcafé.

Wurmkisten verwandeln mithilfe von Kompostwürmern und Mikroorganismen den eigenen Bioabfall in besten Dünger. Einfach 10 % davon in die alte Erde einarbeiten.

Mein Lieblingsmodell aus Holz. Kompostwürmer und Mikroorganismen zersetzen organische Abfälle mit zerkleinertem Zeitungspapier oder Pappe.

## *Ein gutes Gefühl ...*

Es gibt Wurmhocker aus Holz mit Rollen und Sitzkissen obenauf, Designerholzkisten für das Wohnzimmer, bunte Plastikkisten, Ebenenkomposter mit zwei bis fünf Schubladen übereinander aus Plastik und runde Türme aus Ton. Für jeden Geschmack und Geldbeutel etwas, natürlich auch zum Selberbauen, angepasst an die regelmäßig anfallende Menge Biomüll. Handwerklich Begabte basteln sich aus übereinandergestellten Plastikkisten oder lebensmittelechten Eimern vom Imbiss und einem Zapfhahn für den Wurmtee einen Wurmkomposter. Wurmkisten einschließlich der für den Start benötigten 500 Kompostwürmer kann man im Internet beziehen. Damit hat man den für den Erstansatz notwendigen Wurmhumus einschließlich Mikroorganismen, die die portionsweise hineingelegten Küchenabfälle verzehren. Es stinkt wirklich nicht. Ein leichter angenehmer Geruch nach Waldboden ist beim Öffnen erkennbar. Ich ernte viermal im Jahr insgesamt 20 l Wurmhumus und dieser tolle lebendige Dünger ermöglicht mir beste Ernten. Mir gibt der natürliche Dünger, die schicke Kiste, die seit 2015 in meiner Küche steht und der Naturkreislauf ein sehr gutes Gefühl. Wer viele feuchte Obstreste in die Kiste legt, wird flüssigen Wurmtee ernten können. Das ist 1:10 mit Wasser verdünnt ein großartiger Flüssigdünger, auch für Zimmerpflanzen.

## *Würmer gut versorgt*

Urlaub ist trotz Wurmkiste möglich. Bei zwei Wochen Urlaub gibt man vor der Abfahrt einfach mehr Futter gemischt mit Kartonschnipseln und eventuell Kokosfasern (eingeweichter Kokospressling) in die Kiste. Ab drei Wochen Urlaub ist ein Wurm-Sitter angebracht – aber genauso ein Gießdienst. Der kümmert sich auch um die Würmer. Meine Holzkiste hat Rollen darunter, dadurch lässt sie sich leicht verschieben – ein Vorteil beim Putzen. Oben auf meiner Wurmkiste ist ein Polster zum Sitzen. Das ist gut bei Partys in der Küche. Und sie ist immer ein spannendes Gesprächsthema. Wer hat schon 1 000 Haustiere in der Küche? Aus meiner Wurmkiste aus Holz sind die Kompostwürmer noch nie ausgebrochen, bei Plastikmodellen kann das anfangs schon vorkommen. Folglich passt ihnen das kleine Ökosystem bei mir. Sie bekommen die richtige Menge an Feuchtigkeit, die passende Temperatur und finden genügend Material zum Futtern.

#machsnachhaltig

# KURZANLEITUNG WURMHUMUS

*Der flüssige Wurmtee und der feinkrümelige Wurmhumus sind ein hervorragender kostenloser Dünger voller Mikroorganismen für Zimmer- und Balkonpflanzen.*

Ist die Wurmkiste angesetzt, werden nach dem Schneiden von Obst und Gemüse deren Reste in die Kiste gegeben. Dazu noch ungefähr 20 % zerkleinertes, zerrissenes, zerschreddertes Papier und Pappe (beispielsweise Zeitungspapier, Toilettenpapierrollen, Pappkartons). Die Mikroorganismen benötigen die Fasern. Deckel auf, Bioabfall, Papier- und Kartonschnipsel rein, Deckel wieder zu. Die Kompostwürmer fressen sich Tag für Tag durch die von den Mikroorganismen zersetzten Teile der zerkleinerten Abfälle von Obst, Gemüse, Holzfasern und organischen Resten vom Balkon. Das Verdaute ist dann wertvollster Dünger für die Balkonpflanzen. Keinesfalls muss täglich gefüttert werden. Die Wurmpopulation passt sich der Fütterungsmenge an.

### Der beste Platz

Die Kiste steht bestens in der Küche, aber auch im Flur, Keller, Schlafzimmer oder in der Garage. Die Würmer fühlen sich bei den Temperaturen wohl, die auch uns guttun. Ein Südbalkon ist im Hochsommer zu heiß, das überleben die Mikroorganismen und Kompostwürmer nicht. Bei ca. 5 °C stellen die Würmer ihre Tätigkeit ein, bei Frost überleben nur die Eier (Kokons). Gegen Kälte muss die Kiste mit Decken oder anderem isolierenden Material geschützt werden, doch bei Temperaturen unter 5 °C und über 30 °C gehört sie nicht raus. Sie soll regengeschützt stehen und nicht der prallen Sonne ausgesetzt sein. Der optimale, praktischste Platz ist direkt in der Küche.

### Was die Würmer nicht mögen ...

Das gehört nicht in eine Wurmkiste, weil es die Kompostwürmer nicht vertragen:

- **Zitrusfrüchte und deren Schalen**
- **gekochte Speisereste (bei gut funktionierenden Wurmkisten werden gewisse Mengen verarbeitet)**
- **gesalzene Speisen, Öl**
- **Fisch und Fleisch, Fleisch- und Milchprodukte**
- **Katzen-, Haustierstreu und -kot**
- **Inhalt vom Staubsaugerbeutel**
- **giftige Pflanzen, wozu auch konventionell gezogene Blumen gehören**
- **Pflanzen, die mit Herbiziden, Fungiziden, Pestiziden und anderen Chemikalien behandelt wurden**

Abgedeckt wird der Bioabfall mit einer Hanfmatte oder ein bis zwei Lagen (Blätter) Zeitungspapier, die vor dem Befall mit Obstfliegen schützen und dafür sorgen, dass der Inhalt gleichmäßig feucht bleibt. Zeitungspapier enthält heutzutage keine Schwermetalle mehr, nur die Hochglanzmagazine.

### ... und was sie brauchen

Die Würmer benötigen einmal im Monat einen Esslöffel Mineralienmischung (50 % Zeolith und 50 % Kalk), der bei den Wurmkistenherstellern bezogen werden kann. Der Kalk-Bestandteil kann auch von vorher getrockneten, im Mörser oder Mixer fein zermahlenen Eierschalen stammen. Die Mineralienmischung sorgt für den passenden pH-Wert in der Wurmkiste und für genügend Mineralien, um sie in die wertvollen Ton-Humus-Komplexe einzubauen, was dann unserem Substrat in den Töpfen zugutekommt. In die Wurmkiste kann im laufenden Betrieb Pflanzenkohle zur Bildung von Terra Preta gegeben werden. Gleich in der Wurmkiste lädt sich die Pflanzenkohle mit Mikroorganismen auf.

### GRUNDREZEPT KOMPOSTTEE

Eine Handvoll vollreifen Kompost oder Wurmhumus in einen durchlässigen Sack (Nylonstrumpf, Leinensack, Kaffee-, Teefilter) geben und in eine 10-l-Gießkanne mit Wasser (je nach Wassermenge anpassen) hängen. Mit einer Klammer oder Schnur befestigen. Im Vorbeigehen immer umrühren. Nach 24 Stunden bis 3 Tagen ist der Komposttee verwendbar.

#### ANWENDUNG

- Zur Belebung des Wurzelumfeldes regelmäßig damit gießen. Es bildet sich ein Bakterienfilm auf den Wurzeln, der das Eindringen von Krankheitserregern erschwert.
- Vorbeugend ca. alle 10 Tage direkt auf die Blätter spritzen. Der Bakterienfilm hilft Pflanzen, die gegenüber Pilzkrankheiten empfindlich sind.

# KRANKHEITEN UND SCHÄDLINGEN VORBEUGEN

Vögel ernähren sich nicht nur von Körnern, sondern auch von Insekten – heimische Wildpflanzen fördern diese. Auch Blattläuse mögen sie gern.

Biologisches Gärtnern heißt für mich, die natürlichen Abläufe zulassen, Mut haben und vertrauen, dass sich der Balkongarten selbst gestaltet. Wahrnehmen, beobachten, zulassen, verstehen und eingreifen, wenn etwas ganz schief geht, aber nicht zu sehr planen. Nicht den ganzen Winter überlegen, was könnte ich im März alles machen und was könnte ich dabei falsch machen. Einfach anfangen mit dem, was einem die meiste Freude gibt und was man am liebsten isst. Ausprobieren, experimentieren. Jedes Jahr ist anders. Jeder Standort, jeder Balkon ist anders. Wir dürfen lernen, mit diesen Eigenschaften umzugehen, mit den Überraschungen. Beim Gärtnern mit der Natur wird sich ein Gleichgewicht einstellen, auch auf Balkon und Fensterbrett, wenn wir Biodiversität fördern und abwarten können.

## *Mit Freude gärtnern*

Auf meinen Balkons und Fensterbrettern habe ich keine gravierenden Probleme mit Schädlingen. Auch nicht mit Krankheiten. Es stellt sich ein Ökosystem ein mit Kleinklima. Ursächlich sind die Vielfalt an verschiedenen Pflanzen auf meinen Balkons, die Verwendung vieler heimischer Pflanzen, die „Nützlinge“ anlocken, die ständige Anwesenheit von hungrigen Vögeln, das Gärtnern mit der Natur als Prinzip, Pflanzenstärkung durch das Pflegen der lebendigen Erde, das artgerechte Kultivieren in großen Pflanzgefäßen in Pflanzgemeinschaften, das Vertrauen und Zulassen, das Gärtnern in Freude. Immer wieder erlebe ich es, dass der Gedanke an Mischkultur und Fruchtfolge den Menschen abschreckt, weil keiner etwas falsch machen möchte. Dazu die Glaubenssätze aus Kindheit

Es gibt eindeutig weniger Probleme mit Krankheiten und Schädlingen, wenn viele verschiedene Pflanzenarten Platz finden. Eine bunte Vielfalt ist angesagt.

und Jugend: „Man kann nur im Garten richtig gärtnern, auf dem Balkon geht das nicht. Zum Gärtnern braucht man einen grünen Daumen." Deshalb wird lieber gar nicht gegärtnert oder ganz viel darüber nachgedacht. Mischkultur und Fruchtfolge kommen aus der Landwirtschaft, dort haben sie sich bewährt, denn es wird in Monokultur angebaut. Ich bin der Meinung, für uns Balkonier sind viele verschiedene Pflanzenarten und Pflanzenstärkung effektiver. Das Wichtigste ist die Pflege des Bodens, indem wir das Bodenleben fördern durch die Verwendung von Kompost, Wurmhumus, Komposttee, Mykorrhizapilzen oder Effektiven Mikroorganismen. Dazu Dünnschichtmulchen, sodass man den Boden nicht sieht, oder eng säen und pflanzen. Das ist besser für das Bodenleben, auch wenn immer Pflanzen da sind und der Boden auch über den Winter immer leicht feucht gehalten wird.

## *Vielfalt zulassen*

Meine Mischkultur ist Vielfalt, sie folgt nicht so sehr den oftmals abweichenden Regeln, die man im Internet oder in Büchern findet. Es geht immer, Basilikum oder Petersilie zu Tomaten zu pflanzen. Aber genauso gut passen an die Füße der Tomaten Ackersenf oder Ringelblumen. Zwischen Erdbeeren passt der bewährte Mischkulturpartner Knoblauch, aber genauso gut Salate oder Radieschen. Die Mischkultur ergibt sich daraus, welche Jungpflanzen gerade vorhanden sind und noch gepflanzt werden wollen, welche Pflanzplätze in den Pflanzgefäßen gerade leer sind, was gerade passt – kein Loch frei lassen. Üblicherweise artet dieses Pflanzprinzip in Fülle und Vielfalt aus, wenn die Pflanzen ihren Ansprüchen entsprechend Licht, Wasser und Nährstoffe bekommen. Meistens wächst alles üppig zu. Vielleicht nicht immer mit den Pflanzen, die man sich vorgestellt hat: In der Erde sind noch Samen, die keimen, oder Wind und Vögel bringen Samen, das gehört zum Zulassen. Oder andere entwickeln sich besser, als man geglaubt hätte. Jeder Balkon, jedes Jahr ist anders, diese Überraschungen sind wunderbar und bringen viele freudvolle Momente und gehören zur Magie des Gärtnerns.

#machsnachhaltig

# HILFE, SCHÄDLINGE!

Vielfach wird jede Blattlaus bewertet, jedes angeknabberte Blatt beäugt. In der Natur ist beides normal. Oftmals ist tatsächlich der beste Weg, die Finger still zu halten und nichts zu unternehmen. Die Natur machen lassen, gelassen bleiben – nicht krampfhaft versuchen, alle Tierchen sofort zu bekämpfen und eine Pflanze am Leben zu erhalten.

## *Nicht zu viel machen*

Der richtige Weg ist, „Nützlinge“ zu fördern, die Pflanzen zu stärken und standortgerecht zu verwenden. In der Natur gibt es normalerweise fast keine Pflanze, die absolut makellos ist. Die Pflanze wird das nicht stören. Wichtiger als angeknabberte Blätter sind die Wurzeln. Oftmals hilft das manuelle Entfernen von kranken Blättern oder ein kompletter Rückschnitt. Die Pflanze treibt wieder aus. Wenn eine Pflanze eingeht, waren Standort, Pflege oder Substrat nicht passend. Meist liegt es an uns, an nicht optimalen Kulturbedingungen. Dafür siedelt sich vielleicht sogar von allein eine andere Pflanze an, die mit den Bedingungen gut zurechtkommt. Damit ist Entspannung angesagt. Auch hier ist wieder das Einfühlen, Wahrnehmen, Beobachten wichtig. Was hat der Pflanze nicht gefallen, was fehlt ihr? Viele Balkonier, die sich darauf einlassen können, abzuwarten, bis die Marienkäferlarven und andere Helferlein kommen, sind ganz glücklich darüber, diesen natürlichen Zyklus auf ihrem kleinen Stadtbalkon zu erleben.

## *Förderung von „Nützlingen“*

Bedeutsam für die Kontrolle der „Schädlinge“ ist die Förderung von „Nützlingen“ wie Marienkäfer, Florfliegen, Schlupfwespen und Schwebfliegen durch die Verwendung vorwiegend heimischer Pflanzen. Beliebte einjährige Blütenpflanzen, die gleichzeitig auch den Insekten nützen, sind Lein, Buchweizen, Klatschmohn, Kornblume, Ackerrittersporn, Kornrade, Ringelblume, Sonnenblume, Rainfarn-Phazelie und Borretsch. Geeignete mehrjährige Arten sind Schafgarbe, Wiesen-Flockenblume, Wegwarte, Wilde Möhre und Johanniskraut. Auch Vögel wie Kohl- und Blaumeisen verputzen eifrig mit. Dieser natürliche Ablauf lässt sich auf jedem Balkon erleben, sogar auf dem Fensterbrett. In Wahrheit gibt es keine Schädlinge. Im Kreislauf der Natur ist jedes Tier wichtig, jedes hat eine Aufgabe.

*Marienkäfer und ihre Larven futtern Blattläuse, Schildläuse und Spinnmilben. Jede Larve frisst in ihrem zweiwöchigen Larvenstadium rund 800 Blattläuse. Die Käfer vertilgen in ihrer kurzen Lebenszeit von 25–30 Tagen bis zu 4 000 Blattläuse. Marienkäfer lieben wunderschöne Naturbalkons mit Blumenwiesen, Sträuchern, Wildkräutern und krautigen Pflanzen.*

### Die Natur regelt es

Das ökologische Gewissen treibt viele dazu, anstatt konventioneller chemischer Präparate „Bio"-Präparate wie den aus Chrysanthemen gewonnenen Wirkstoff Pyrethrum oder beispielsweise Neem-Produkte zu verwenden. Auch diese biologischen Präparate wirken toxisch für die Blattläuse und andere, sie fehlen dann in der Nahrungskette für Marienkäfer, Florfliegen und Vögel. Im nächsten Jahr ist die Blattlausplage dann noch größer, weil es weniger Fressfeinde gibt. Lasst es die Natur regeln, lasst der Natur freien Lauf, die Nützlinge regeln es. Fördert die Nützlinge, stärkt eure Pflanzen, füttert euren Boden und stellt ein natürliches Gleichgewicht her.

*Florfliegenlarven sind ganz wild auf Blattläuse. Während ihrer Larvenentwicklung vertilgen sie 200–500 der lästigen Tierchen. Deshalb werden die hungrigen Larven mit den zwei großen Greifzangen am Kopf zum Festhalten ihrer Beute beim Aussaugen auch Blattlauslöwen genannt. Sie vernichten aber auch Spinnmilben, Schildläuse, Thripse und Wollläuse. Erwachsene Florfliegen ernähren sich von Pollen und Nektar.*

*Auch Schwebfliegen verputzen im Larvenstadium massenhaft Blattläuse. Die ausgewachsenen Weibchen legen ihre Eier direkt in der Nähe von Blattlauskolonien ab. Besonders gewitzt imitieren sie Wespen, Bienen oder Hummeln, von denen sie sich im Erwachsenenstadium nur durch ihre Stummelfühler und Flügel unterscheiden. Sie suchen sich blütenreiche Balkons mit viel Pollen und Nektar.*

# MUMMELIGER WINTER-SCHUTZ

*Diese übliche Verpackungspraxis muss meist nicht sein. Erfahrungen vieler Balkonier zeigen, in den meisten Regionen ist kein aufwendiges Verpacken in Jutesäcke, Laub oder Luftpolsterfolie erforderlich.*

Mummeliger Winterschutz muss in diesen Zeiten der Klimaänderung in den meisten Regionen nicht sein. Schaue auf die Lage deines Balkons, das Allgäu ist extremer als das Rheintal. Stadtbalkons sind aufgrund der Wärmeglocke der Stadt immer wärmer. Eingebaute Balkons, wo die Hauswände Wärme abstrahlen, sind im Vorteil. Verwende einheimische Pflanzen, in puncto Stand-, Klima- und Winterfestigkeit sind sie anderen Arten deutlich überlegen. Es spart enorm viel Arbeit und Material, die Pflanzen samt Töpfen über den Winter nicht mit den vielen Varianten einzuwickeln, die Baumärkte und Gartencenter anbieten. Auf einem milden, geschützten Balkon in der Wärmeinsel Stadt ist das nicht nötig, dort können winterharte Pflanzen bestens ohne Schutz im Kübel gedeihen. Günstig sind wieder große Pflanzgefäße und gießen mit Augenmaß.

### Meist ist es die Trockenheit

Wer um Topf und Pflanzen fürchtet, stellt die heimischen Wildpflanzen, frostharten Kräuter und Obstgehölze zum Schutz vor austrocknendem Wind, gleißender Wintersonne und zu rascher Abkühlung möglichst geschützt auf.

Räume die Töpfe und Balkonkästen nah an die wärmende Hauswand, möglichst in eine windgeschützte schattige Ecke ohne Ostwind und Winternässe. Platziere diese Gefäße auf Klötzchen oder auf einer Styroporplatte, damit der Topf unterlüftet wird, Wasser ablaufen kann und er nicht auf dem Boden festfriert. Bei vorausgesagtem Dauerfrost packe die Töpfe dick ein mit natürlichen Stoffen wie Jute, Stroh oder Tannenreisig. Möglich ist auch, ein Ballentuch herumzuwickeln oder ein weißes Wintervlies. Bei immergrünen Pflanzen ist es sinnvoll, die gesamten Pflanzen abzudecken, damit kein Wasser verdunstet. Nicht die Kälte ist die größte Gefahr für die Pflanzen draußen, sondern eher Wärme- und Trockenheitsschäden. Alle Pflanzen benötigen auch im Winter ein wenig Wasser, aber keinen Dünger. Sobald sich die Blätter immergrüner Pflanzen im Winter an milden Tagen erwärmen, setzt deren Stoffwechsel ein. Ist die Erde zu trocken, vertrocknet die Pflanze. Oftmals vertrocknen Pflanzen eher im Winter, als dass sie erfrieren. Vor längeren Frostperioden sollte ausgiebig gewässert werden.

## HEIMISCH ODER NICHT?

Ob eine Pflanze heimisch ist oder nicht, mehrjährig (Staude) oder einjährig (keimen, wachsen und blühen innerhalb eines Jahres, sterben nach der Samenbildung) lässt sich in der Literatur ermitteln oder im Internet, beispielsweise über die Webseiten floraweb.de und naturadb.de.

*Mehrjährige heimische Wildpflanzen, Stauden, Bäume, Gehölze und Wintergemüse haben die Frosthärte in ihren Genen. Beim Rosmarin auf die Sorte achten.*

## Wintergemüse anbauen

Um Nützlinge zu fördern, wird im Herbst nicht alles heruntergeschnitten. Wir räumen nicht alles ab, schaffen keine Ordnung und stecken sinnbildlich die altbekannten Tannenzweige in die Balkonkästen, sondern lassen die trockenen, abgestorbenen Pflanzenteile stehen. Sie schützen die Pflanze und sehen häufig auch im Winter noch attraktiv aus. Vögel naschen von den Samenständen der Wildblumen. Insekten finden Unterschlupf im Blattwerk und in hohlen Stängeln. Es ist auch nicht notwendig, nicht mehr genutzte Pflanzgefäße zu entleeren, stattdessen wird die Erde im Frühjahr aufgepeppt (siehe Seite 18). Sinnvoll ist der Anbau von Wintergemüse, wofür eingebaute Balkons prädestiniert sind (siehe Seite 70). Unserem Substrat und seinen Bodenlebewesen tut es gut, wenn es über den Winter genutzt und damit feuchtgehalten wird. Das Wintergemüse wird im Frühjahr wunderschön gelb blühen und wertvolle frühe Nahrung für unsere Bestäuber bieten.

# SCHLAU BEWÄSSERN

Weniger ist mehr! Egal, welche Bewässerungsform gewählt wird, der Grundsatz ist gleich: Weniger oft und dafür mehr, ist schlau wässern. Es ist wichtig, dass die Pflanzen animiert werden, in die Tiefe zu wurzeln. Daher ist selteneres und durchdringendes Wässern sinnvoll. Die Pflanzen zeigen, wenn sie Wasser brauchen. Sie erhalten dabei achtsam unsere volle Aufmerksamkeit und wir gehen in Verbindung.

# MUSS ES IMMER TRINKWASSER SEIN?

Jeder Tropfen zählt! Regenwasser bekommt den Pflanzen am besten. Es hat die Umgebungstemperatur und versetzt die Pflanzen nicht in einen Schock wie eiskaltes Leitungswasser. Dazu hat es einen niedrigen pH-Wert und gilt damit als „weiches" Wasser. Am effizientesten ist es, Regenwasser gleich vom Dach so zu leiten, dass es aufgefangen werden kann. Achtung bei Garagen und Schuppen mit Dachpappe: Das Umweltbundesamt rät, wegen einer möglichen Biozidbelastung von mit Bitumen abgedichteten Dächern dort kein Regenwasser zu sammeln.

Das Auffangen von Regen auf dem Balkon ist möglich. Auf dem überdachten Balkon sind andere Auffangvorrichtungen gefragt als auf einem Balkon ohne Dach. Besteht Zugriff auf ein Regenfallrohr oder muss es ohne Fallrohr funktionieren? Drei Varianten zum Regenwassersammeln auf dem Balkon werden im Kapitel „Regenwasser auffangen" beleuchtet (siehe Seite 44).

## *Trinkwasser wiederverwerten*

Trinkwasser zum Gießen zu verwenden, geht ins Geld und ist aus Umweltsicht durch die Aufbereitung, Ver- und Entsorgung viel zu schade. Sinnvoll ist die Verwendung von bereits verwendetem Trinkwasser. Oftmals denken wir nicht

Abgestandes, temperiertes Leitungswasser bekommt den Pflanzen besser. Es lohnt sich, genutztes Leitungswasser als Zweitverwendung in Gießkannen zu sammeln.

daran und schütten es einfach weg, dabei ist es häufig noch prima zur Zweitverwertung geeignet. Dennoch fangen schon sehr viele bewusste Menschen Wasser auf, um es zum Gießen zu verwenden. Sie bestätigen, dass im Laufe des Tages viel Wasser zusammenkommt. Es lohnt sich, diese Tipps für eine zweite Nutzung vom Trinkwasser in den täglichen Ablauf einzubauen:

- Obst, Gemüse und Kräuter nicht unter fließendem Wasser abwaschen, sondern in einer Schüssel oder handlichem Eimer. Dieses Wasser nach draußen auf den Balkon tragen oder in der Küche in einem großen Eimer oder Kanister bzw. sofort in einer Gießkanne sammeln. Irgendwann kommt es auf einen Eimer mehr nicht mehr an. Bei mir stehen bereits vier Gießkannen, in denen das Wasser bis zum nächsten Gießeinsatz absteht.
- Ebenso das morgens und abends anfallende Wasser vom Spülen der Sprossen auffangen.
- Das Kochwasser von Gemüse, Kartoffeln und Reis, natürlich ungesalzen, bekommt den Pflanzen gut. Ebenso das Wasser, in dem die Frühstückseier gekocht wurden, einschließlich Abschreckwasser.
- Tee- und Kaffeereste, abgestandenes Mineralwasser.
- Nicht verwendetes Wasser aus dem Wasserkocher oder der Rest aus dem Wassertank der Kaffeemaschine lässt sich sammeln.
- Beim Duschen kommt immer erst kaltes Wasser, das ungenutzt in den Abfluss geht. Zweimal duschen ist bei mir ein voller Eimer.

Man glaubt vorab gar nicht, wie viel Wasser mit ein paar Handgriffen über den Tag zusammenkommt, das in Kanistern und Gießkannen gesammelt werden kann, damit es nicht im Ausguss landet. Es spart Trinkwasser und Geld. Den Pflanzen bekommt dieses erwärmte Wasser beim Gießen besser, an heißen Tagen können sie einen Kälteschock erleiden. Das abgestandene Wasser ist weicher und enthält teils auch düngende und stärkende Elemente. Zusätzlich können pflanzenstärkende Kräuter wie Brennnessel und Ackerschachtelhalm hineingelegt werden, schon entsteht ein Kaltwasserauszug. Sie erhöhen die Widerstandskraft der Pflanzen, versorgen sie mit Nährstoffen oder vertreiben Schädlinge.
Ich denke, es ist vielen nicht bewusst, was man am Tag für Wasser „verschwendet“. Wasser sparen und damit Pflanzen ziehen, sollten wir auch schon den Kindern beibringen.

*Viele Menschen fangen bereits Leitungswasser vom Abwaschen von Salat, Gemüse, Obst und Kochwasser (ohne Salz) auf und geben es den Pflanzen.*

# DAS 1 × 1 DES GIESSENS

Die Praxis zeigt, dass mehr Pflanzen durch zu viel Wässerung kaputtgehen als durch Trockenheit. Die Pflanzen zeigen uns deutlich, wenn sie Wasser benötigen und die Blätter anfangen, schlapp nach unten zu hängen. Im Frühjahr gepflanzte Stauden und Gehölze geraten an heißen Sommertagen schnell in Trockenstress.

*Es ist geschickt, sich von Anfang an um eine automatische Tröpfchenbewässerung zu kümmern. Bei nicht vorhandenem Außenwasseranschluss helfen Zisternen.*

Hängende Blätter am Tage haben noch nichts zu sagen: Bei Hitze reduzieren viele Pflanzen die Verdunstungsfläche, in dem sie die Blätter hängen lassen, einrollen oder auf eine behaarte, reflektierende Unterseite drehen. Erst wenn die Blätter in den Abendstunden immer noch hängen, ist dringender Wasserbedarf angezeigt. Achte darauf, wie die Blätter am Folgetag nach dem Gießen aussehen. Hängen sie schlapp herunter, benötigt die Pflanze dringend weitere Wassergaben. Achtung: Wenn das Substrat nass ist und die Blätter hängen, ist das ein Indiz für übermäßiges Wässern! Staunässe droht, das empfindsame Wurzelwerk könnte Schaden nehmen, faulen oder Krankheitserreger könnten eindringen. Ein bewährtes Hilfsmittel ist die Fingerprobe: Fühle mit der Fingerspitze 1,5–2 cm tief in die Erde hinein, nicht nur direkt auf der Oberfläche, ob die Erde trocken ist.

## Durchdringendes Gießen

Statt kurz und häufig, sollte kräftig und seltener gegossen werden. Die Wurzeln der Pflanzen wachsen schließlich dem Wasser hinterher. Kurzes häufiges Gießen versorgt den Boden nur oberflächlich mit Wasser und fördert so einen flachen Wurzelwuchs. Fällt das Gießen einmal weg, kommt die Pflanze in Schwierigkeiten, da ihre Wurzeln nicht bis in die feuchten tieferen Bodenschichten reichen. Am besten sollte morgens gegossen werden, wenn es noch kühl ist, damit das Wasser nicht sofort wieder verdunstet. Abends kühlt es zwar auch schnell aus, allerdings sind die Pflanzen von der Sonne noch so stark aufgeheizt, dass sie durch das Gießen einen Kälteschock erleiden können. Früher nahm man an, dass die Blätter an sonnigen Tagen beim Gießen zur Mittagszeit verbrennen können, wenn die Wassertropfen die Sonnenstrahlen bündeln („Brennglaseffekt"). Dieser Effekt ist aber ein Mythos. Der Hauptgrund, weswegen nicht in der prallen Sonne gewässert wird, ist die hohe Verdunstungsrate.

Beim durchdringenden Wässern solltest du darauf achten, dass die Erde die Feuchtigkeit voll aufnimmt. Stehen die Töpfe in Untersetzern, dann gieße nach einer Stunde die Untersetzer aus, denn die Erde hatte Zeit, sich richtig vollzusaugen. Jetzt mit dem Gießen pausieren, damit sie wieder trocken werden kann. Erst wenn die Erde richtig trocken ist und wenn die Pflanzen schlappmachen, wieder gießen. So ist gewährleistet, dass die Wurzeln genügend Wasser und Sauerstoff haben.

## Einmal Hacken spart zweimal Gießen

Eine alte Gärtnerregel besagt, einmal Hacken spart zweimal Gießen, denn in einem feinkrümeligen, lockeren Boden verdunstet wesentlich weniger Wasser. Die Kapillare, also die feinen Poren im Boden, durch die Wasser aufsteigt und verdunstet, werden unterbrochen. So trocknet nur die Oberfläche aus und alles darunter bleibt schön feucht. Zum Auflockern kann eine alte Gabel verwendet werden. Auch Mulchen schützt vor Austrocknung (siehe Seite 46). Außerdem verkrustet unter der Mulchschicht die Bodenoberfläche nicht. Zu große Tropfen, ein harter Wasserstrahl, auch von Starkregen, führen zur Verdichtung des Substrats im Pflanzgefäß, Sauerstoff kommt nicht mehr an die Wurzeln, eventuell wird sogar der Wurzelhals der Pflanzen freigespült. Das Wasser gehört an die Wurzeln, deshalb in den Wurzelbereich der Pflanzen gießen und nicht von oben auf das Blattwerk.

*Weniger Gießaufwand entsteht bei großen Pflanzgefäßen mit viel Wurzelraum. Bodenauflockern spart Gießen, ein feinkrümeliger Boden verdunstet weniger Wasser.*

# WER SCHLAU PLANT, GIESST WENIG

Südbalkons in der Stadt können wahre Sonnenfallen mit Extremklima sein. Wichtig ist die dreidimensionale Nutzung und Gestaltung, die Decke und Wände einbezieht. Mehr Abwechslung bei der Bepflanzung, große und kleine Pflanzen, viele Kräuter, aber auch immer Gehölze (siehe Seite 92). Mehr Pflanzen, mehr Grün, mehr Dschungelfeeling. Deren Verdunstungswasser kühlt immer die Temperatur des Balkons herunter und bringt ein angenehmes Mikroklima. Das Aufstellen von Wassereimern (evtl. auch nutzbar zum Auffangen von Regenwasser, siehe Seite 45) zur Verdunstung von Wasser hilft, wobei Mini-Teiche (siehe Seite 110) und Sumpfkübel als weiterer Lebensraum für Insekten und optischer Hingucker sinnvoller sind und ganz klar für mehr Wohlfühlfeeling sorgen. Im Sommer überhitzte Südbalkons sind ideal für den Anbau von Wintergemüse, das aufgrund der Witterung im Herbst und Winter kaum gegossen werden muss.

Schatten bringen Markise, Sonnenschirm, Sonnensegel, Tarp, Rank- und Kletterpflanzen oder Gehölze wie Säulenobstbäume. Indem du Pflanzen unterschiedlicher Wuchshöhen pflanzt, erzeugst du schattige Bereiche. Mit Rollbrettern unterm Topf lässt sich ein fahrbarer Sichtschutz bauen. Mulchen mit aller Art von Abschnitt, Schafwolle oder bodenbedeckenden Pflanzen ist hilfreich, damit die obere Bodenschicht feucht bleibt und das Substrat vor dem Austrocknen geschützt wird. Wähle trockenheitsresistente Stauden, die an harte Bedingungen angepasst sind.

*Auf Hitzebalkons Trockenkünstler und mineralisches Substrat verwenden. Mediterranen Kräutern und hier der Alpen-Aster nützt eine mineralische Mulchdecke.*

## Substrat als Wasserspeicher

Sinnvoll ist, ins Substrat Materialen beizumischen, die Wasser speichern:

- Verwendung von Terra Preta bzw. Schaffung von Terra Preta durch Beimischung von qualitätsgeprüfter Pflanzenkohle, an die sich besonders viele Mikroorganismen ansiedeln, um eine Dauererde herzustellen. Ich füge meiner Wurmkiste (siehe Seite 24) regelmäßig Pflanzenkohle zu, sodass sie sich dort mit Mikroorganismen auflädt. Die nährstoffreiche Terra-Preta-Dauererde speichert besonders gut Nährstoffe und Wasser.
- Perlit, das ist bei großer Hitze aufgepufftes vulkanisches Gestein, befindet sich als Zuschlagstoff bereits in vielen Substraten. Es dient zur effizienten Speicherung von Wasser, zur Verbesserung der Bodenbelüftung

*Hilfreich ist, dem Substrat wasserspeichernde Substanzen unterzumischen. Agrar-Perlit, ein weißes aufgepufftes mineralisches Gestein, bewährt sich ebenso wie Schafwollpellets.*

und zur besseren Bodendrainage. Bei sachgemäßer Anwendung können Agrar-Perlite helfen, die Bodenstruktur nachhaltig zu optimieren und das Pflanzenwachstum zu beflügeln. Dabei Agrar-Perlite nicht mit den Dämmstoff-Perliten verwechseln, letztere haben in der Erde nichts verloren.

- Als wasserspeichernder Zuschlagsstoff, der gleichzeitig über fünf Monate düngt, bewähren sich Schafwollpellets, Rohwolle oder alte Wollpullover.
- Auch Blähton mit seinen leichten, runden Tonkugeln dient der Wasserspeicherung.

## Große Pflanzgefäße sind besser als kleine Töpfe

In großen Pflanzgefäßen lassen sich die Pflanzen mit weniger Zeit und Wasser pflegen, denn es verdunstet weniger Gießwasser. Wenn dazu noch eng gepflanzt oder gemulcht wird, also der Boden bedeckt ist, muss nicht täglich gegossen werden. Im großen Topf wachsen Pflanzen besser, stabiler und gesünder, denn die Wurzeln haben mehr Platz. Aus dem größeren Erdvolumen können sie gleichmäßiger Wasser und Nährstoffe aufnehmen. Es bildet sich ein kleines Ökosystem im Ökosystem Balkon, die Pflanzen unterstützen sich gegenseitig. Wähle deshalb für Sträucher, Säulenobst, Stabtomaten, Zucchini, Gurken oder Kürbis immer das größte Pflanzgefäß, das der Platz erlaubt. Die Pflanzen danken es mit besserer Gesundheit und höherem Ertrag. Für mich das Optimum sind Pflanzgefäße mit Wasserspeicher und Vertikalbeete mit automatischer Bewässerung. Eine automatisierte Tröpfchenbewässerung spart deutlich Zeit- und Gießaufwand. Einfacher ist die Installation von Beginn an, wenn noch keine Pflanzen eingewachsen sind. Eine Zeitschaltuhr steuert Häufigkeit und Länge der Bewässerung.

# ICH BIN DANN MAL WEG – GIESSEN OHNE MICH

Bevor bewährte technische Systeme zum Überbrücken von Wochenendtrips und Kurzurlauben vorgestellt werden, ein Hinweis auf nachbarschaftliche und freundschaftliche Gießpartnerschaften – denn die Technik führt oft ein Eigenleben. Eine große Erleichterung und sehr praktisch sind für viele Balkonier ohne Außenwasseranschluss Adapter für den normalen Wasserhahn. Einfach einen Schlauch anschließen und diesen durch Fenster oder Wohnung ziehen. Wer es aufgeräumt mag, für den gibt es noch einen Schlauchwagen dazu. Bevor es in den Urlaub geht, solltest du bestens wässern und die Pflanzen möglichst beschatten. Einige Gefäße kannst du eventuell auch ins kühle Badezimmer tragen.

## *Mit Wasserreservoir*

Pflanzgefäße mit Wasserspeicher sind eine feine Sache. Je nach Größe des Gefäßes sind dann 3–9 l Wasser vorrätig. Die Pflanzen können sich so mit ihren Wurzeln, wenn diese nach der Anwachsphase bis zum Reservoir reichen, selbst versorgen und sind nicht auf tägliches Gießen angewiesen. Damit sind Kurzurlaube und hochsommerliche Tage gut überbrückbar. Im Regelfall ist eine Drainage bzw. das Zwischenlegen von Gartenvlies (alternativ altes Baumwollshirt) nicht notwendig. Balkonkästen mit dauerhaftem Wasservorrat sind für mediterrane Kräuter und Wildpflanzen von trockenen, nährstoffarmen Standorten nicht immer geeignet, aber auch das kann gelingen. Wenn die Kästen bei Regen volllaufen, ist es gut zu prüfen, ob ein Überlauf vorhanden ist und ob dieser funktioniert. Sonst kannst du in Höhe der Zwischenschicht Löcher hineinbohren, damit in Übergangszeiten mit viel Regen überschüssiges Wasser ablaufen kann. Im Sommer kannst du diese Löcher mit einem Stopfen verschließen.

Ollas sind kleine oder große Tongefäße, die komplett in die Erde gesetzt werden und sich für Hochbeete und große Töpfe anbieten. Einzig die Öffnung zum Hineingießen ragt ein Stück aus der Erde. Der Bauch einer Olla ist wie bei einer Birne geformt. So kann sie viel Wasser aufnehmen und langsam abgeben – so wie es die Pflanze benötigt. Bei besonders ausgefeilten Modellen ist der Deckel obenauf, damit keine Insekten hineinfallen können, sogar noch eine Insektentränke. Aus zwei unglasierten Tontöpfen kannst du eine Olla selbst basteln.

## *Tröpfchenbewässerung*

Für die Tröpfchenbewässerung gibt es unterschiedliche Varianten:

- Mittels einfacher offener Flasche: Das Substrat muss gut angefeuchtet sein, damit nicht das gesamte Wasser sofort herausfließt. Die Flasche sehr schnell und mit Wucht in die Erde stoßen. Dies macht den Flaschenhals zu und Wasser fließt zeitverzögert nach, wenn die Erde drum herum trocken wird.

*Vor Abfahrt gut bewässern und eine PET-Flasche umgedreht ohne Deckel ins Substrat stecken – oder in den Deckel Löcher stechen.*

*Die Pflanzgefäße vor Abfahrt gut wässern, ins Bad tragen und möglichst schattig stellen. Hilfreich ist eine windsichere Schattierung.*

- Mittels Tonkegel und PET-Flasche: Im Flaschenadapter steckt eine umgedrehte handelsübliche Kunststoff- oder Glasflasche. Die poröse Struktur des Tonkegels gibt langsam Wasser ab.
- Mittels Tonkegel und Zisterne: Die Tonkegel sind über kleine Schläuche mit einem erhöht stehenden Wassertank verbunden. So stecken nicht in jedem Kasten Flaschen, die windsicher befestigt sein müssen.
- Automatisiertes Bewässerungssystem über Solar oder Strom mit erhöht stehendem Wassertank oder Balkon-Wasseranschluss: Über Tropfer wird jede Pflanze zum bedarfsgerechten Gießen separat angesteuert. Sind die Voraussetzungen Außenstromanschluss sowie Balkon-Wasseranschluss nicht gegeben, gibt es für Vertikalbeete bereits 60-l-Wassertanks mit Pumpe als Sitzbänke, die über einen Wasserschlauch befüllt werden.

#machsnachhaltig

# REGENWASSER AUFFANGEN

Bislang hat der Fachhandel keine überzeugende Lösung zum Auffangen von Regenwasser zu bieten. Es wird an individuellen Lösungen getüftelt, da es auf jedem Balkon andere Rahmenbedingungen gibt: mit oder ohne Dach, Platz, Wind und Befestigungsmöglichkeiten. Die Regensammelvorrichtung sollte bei nahendem Regen schnell aufgebaut werden können, sturmgesichert und in Schönwetterphasen nach dem Regenguss getrocknet leicht zu verstauen sein. Für kleine Balkons, vollgestellt mit einer gemütlichen Sitzmöglichkeit und vielen Pflanzen, scheint mir die Zweitnutzung von Leitungswasser sinnvoller zu sein. Aber tatsächlich zählt jeder aufgefangene Tropfen Regenwasser und jede Zweitnutzung von Leitungswasser. Nehme es als Anregung und schaue nach deinen Möglichkeiten!

### *Regendieb*

Verläuft auf oder neben deinem Balkon das Regenfallrohr, ist der dauerhafte Einbau eines „Regendiebes" sinnvoll. Dieser Auslass mit Sieb mündet in Regentonne, Regenfass oder Wandtank – je nachdem, was auf dem Balkon überhaupt Platz findet. Es gibt bereits Materialen, die im Winter gefüllt mit Wasser stehen bleiben können. Allerdings müssen sie der zulässigen Traglast entsprechen und eine Absprache mit dem Vermieter ist notwendig. Es bringt auch nichts, wenn alle Mieter eines Aufganges das Regenfallrohr anzapfen.

Auf großen Balkons und Dachterrassen könnten mehrere Tonnen mit Verbindungssets verbunden werden. Besitzt die Regentonne einen Auslasshahn und ist sie vorausschauend so auf einen Sockel gestellt, dass eine Gießkan-

*Vor Einbau eines Regendiebes in das Fallrohr ist die Zustimmung des Vermieters/Eigentümers notwendig. Auf die Einhaltung der Traglast ist zu achten.*

ne darunter passt, ist der Ablass aufgrund der Schwerkraft am einfachsten. Natürlich kann auch mit einem Eimer oder Ähnlichem von oben ausgeschöpft werden. Möglich ist der Einbau einer Regenfasspumpe, die aber Strom verbraucht. Lege ein Gitter obenauf, damit kein Tier ertrinkt. Manchmal können Auffangvorrichtungen und Tonnen bei unteren Balkons sogar unter dem Balkon in einer Nische stehen. In der Praxis kenne ich bisher keinen kleinen Balkon, wo ein Regendieb eingebaut und eine Regentonne aufgestellt wurde, wohl aber auf Dachterrassen und im Hof.

### Offener Balkon ohne Dach

Bastele dir eine Wasserauffangstation aus einer aufgespannten hochwertigen Plane mit Ösen, die du sicher an Geländer, Wandhaken, Dach, Tisch, Griff oder Sonnenschirmhalter befestigst. Schneide mittig ein Loch in die Plane und stelle einen großen Behälter zum Auffangen darunter. Ein aufgelegter Stein hilft, dass die Plane gespannt bleibt. Möglich ist eine Variante mit aufgeschnittenen großen Mülltüten oder stabilen Erdsäcken, die mit Schnüren und Karabinerhaken befestigt werden. Ein Trichter führt in eine Gießkanne. Langlebiger sind Auffangvorrichtungen mit einem alten Sonnensegel, Dreieckstuch, Tarp oder Wachstuch-Persenning. Vielleicht befestigst du deine Wasserauffangstation an einem aufgeklappten Wäscheständer. Es wird nicht der ganze Wasserbedarf abgedeckt, aber mit so einem Auffangsystem kannst du zum Teil an einem Tag 10 l weiches Regenwasser sammeln. Das reicht, um an einem heißen Sommertag einmal das Balkongemüse zu gießen.

### Überdachter Balkon

Bei einem überdachten Balkon baue einen großen Trichter zum Wasserauffangen. Schneide beispielsweise den Boden von einem Kanister ab und befestige ihn mit der Öffnung nach oben sicher am Geländer. Im Ausguss befestigst du einen Gartenschlauch, das aufgefangene Regenwasser fließt dann in einen darunter stehenden Eimer oder eine kleine Regentonne.

#machsnachhaltig

# GEKONNT MULCHEN

Die Verwendung niedrigwachsender bodenbedeckender Pflanzen und eine Mulchschicht aus kleingeschnittenem, organischem Material schützt die obere Substratschicht vor Austrocknung, Verwehung, Verkrustung und Verschlämmung durch Platzregen. Sie speichert Wärme und Feuchtigkeit. Die ausgleichende Wirkung auf Erdfeuchte und Erdwärme ermöglicht gleichmäßigeren, für die Pflanzen stressfreien Gemüseanbau. Besonders auf Südbalkonen in überhitzten Städten kann das sehr helfen. Die Feuchtigkeit hält sich besser im Pflanzgefäß, du musst weniger gießen und sparst wertvolles Wasser. Gleichzeitig düngst du.

## Finde Deine Variante

Das einfachste und billigste Mulchmaterial ist Rasenabschnitt vom Mähen. Lasse ihn besser einen halben Tag antrocknen, da frischer gepresster Rasenabschnitt zum Schimmeln neigt und Fäulnis droht. Diesen locker und dünn (0,5–1 cm hoch) auf das Substrat um die Pflanzen herum auflegen.

Ebenfalls sehr geeignet sind Kräuter mit stärkender, düngender Wirkung, besser ohne Samen. Möglich sind stickstoffreiche Brennnessel, kalium-, stickstoff- und phosphatreicher Beinwell, schädlingsabwehrender Rainfarn oder zellwandstärkender Ackerschachtelhalm. Viel-

*Das Bedecken der Oberfläche mit organischem Material wie Rasenabschnitt schützt vor Austrocknung. Hier Schafwollpellets vom regionalen Schäfer.*

*Bei Erdbeeren bewährt sich Stroh, so sind die Früchte vor Fäulnis geschützt. Bioversandgärtnereien verschicken oftmals in Stroh oder Heu verpackt.*

leicht kannst du etwas aus einem Garten oder vom Spaziergengehen mitbringen. Wenn du die Kräuter zerkleinerst, können es die Mikroorganismen leichter zersetzen.

Sehr praktisch zum Auflegen sind die vom Düngen bekannten Schafwollpellets oder Bokashi-Pellets sowie in Stückchen gerissenes Zeitungspapier.

Versandgärtnereien verschicken ihre Jungpflanzen liebevoll eingepackt in Stroh, Heu oder Dinkelspelzen. Auch damit kannst du mulchen. Das Mulchen mit Stroh ist bei Erdbeerpflanzen beliebt, so liegen die Früchte sauber und trocken auf, es entzieht aber auch dem Substrat Stickstoff.

Mineralische Mulchmaterialien wie Splitt, Kiesel, Muscheln, Ziegelsplitt, Blähton (Leca®, Körnung 8–16 mm) oder Lavagrus sind geeignet für Pflanzen, die magere (nährstoffarme) Bedingungen benötigen. Das sind mediterrane Kräuter und die meisten schön blühenden Wildblumen.

### Nicht empfehlenswert

Rindenmulch versauert den Boden und enthält oft Fungizide, Schwermetalle und Gerbstoffe. Rindenmulch verbraucht genau wie Holzhäcksel beim Zersetzen durch die Mikroorganismen Stickstoff, den unsere Pflanzen zum Wachsen benötigen. Die käuflich zu erwerbenden Varianten Kokosmatten oder Vliese, teils schon fertig für Töpfe zugeschnitten, sind nicht notwendig, stellt uns die Natur doch kostenfrei inhaltsreiche Pflanzen zur Verfügung.

Zugegebenermaßen ist es etwas schwieriger im schmalen Balkonkasten, das Material um die Pflanzen herumzulegen, als im Garten oder bei großen Pflanzgefäßen. Das Auflegen von Steinen, Totholz (dicke Aststücke, Holzklötze) oder Schätzen hilft, wenn die Töpfe dem Wind ausgesetzt sind. Deine Nachbarn sind dankbar, wenn das Mulchmaterial nicht zu ihnen fliegt. Probiere es einfach mal aus und stelle die wassersparende und düngende Wirkung fest!

# MEINE BESTEN PFLANZEN UND KOMBIS

Erlebe Vielfalt statt kurzer Schönheit, Geranien und Petunien waren gestern! Wähle wirklich insektenfreundliche Pflanzen mit langer Blühdauer. Eine Blumenwiese aus Stauden. Ernte Biogemüse, auch im Winter, heilende Kräuter, Äpfel, Superfood und essbare Wildpflanzen! Das alles geht auch auf kleinem Raum. Vertikal! Genieße, schmecke, beobachte auf Augenhöhe auf deinem Wohlfühlbalkon mit Hitzeschutz. Ein spannender blütenreicher Weg liegt vor dir.

# SÄEN UND VERMEHREN

Viele Balkongärtner lieben es, alle Pflanzen selbst auszusäen – in praktischen Multitopfplatten oder Upcycling in leeren Joghurtbechern oder aufgeschnittenen Getränkekartons. Wichtig ist ein Loch im Boden als Wasserabzug oder ganz besondere Obacht beim Gießen. Möglich ist die Aussaat in Eierkartons, selbst gedrehten Töpfchen aus Zeitungspapier, Toilettenpapierrollen oder halbierten Küchenkrepprollen mit besonderer Fürsorge um den Wasserhaushalt. Verwende ein nährstoffarmes Substrat: Aussaaterde, Kräutererde oder im Park geholte Erde von Maulwurfshügeln. Die Erde darf nie austrocknen, aber auch nicht zu feucht sein. Samen von sogenannten Lichtkeimern werden lediglich aufgestreut und leicht festgedrückt. Dunkelkeimer werden auf das Substrat gestreut und mit feiner Erde übersiebt. Angaben hierzu und zur Saattiefe stehen im jeweiligen Pflanzenporträt. Hilfreich für Keimung und Wurzelbildung ist ein heller Ort und „gespannte" Luft – hohe Luftfeuchtigkeit und möglichst gleichmäßige Wärme. Ein Mini-Gewächshaus lässt sich gut aus einer Plastiktüte mit Stöckchen improvisieren. Du solltest täglich lüften, damit sich kein Schimmel bildet.

### Reproduzierfähiges Saatgut

Verwende samenfestes Biosaatgut anstatt Hybridsaatgut mit der Kennzeichnung F1. Hybridsorten sind für den einmaligen Anbau gezüchtet, sie zielen auf gleichmäßiges Wachstum, höhere Erträge und qualitativ bessere Früchte. Im Folgejahr ist überraschend, was herauskommt, regelmäßig nicht die perfekte Ausgangspflanze. Viel spannender ist die Verwendung wertvoller alter, regional angepasster Gemüsesorten. Preiswert gibt es Saatgut auf regionalen Saatgutbörsen und Saatgutfestivals oder du produzierst dein Saatgut einfach selbst. Die beste Variante ist, sein eigenes Saatgut an einem sonnigen Tag zu ernten und immer wieder zu verwenden. Wird das über einige Jahre gemacht, passt sich der Samen immer besser an den Standort deines Balkons und zugleich die Klimaänderung an. Du bekommst immer weniger Probleme mit Schädlingen und Krankheiten und hast Geld und Transportwege gespart. Samen sind erntereif, wenn die Samen(kapseln) trocken und braun sind – und fast ausfallen. Lagere sie dunkel und trocken und beschrifte sie mit Namen und Erntejahr.

### Lässiges Gärtnern mit Selbstaussaaten

Spannender, experimenteller und zeitsparender als selbst auszusäen ist die Verwendung von Pflanzen, die zu Selbstaussaaten neigen. Kandidaten dafür sind Färberkamille, Mutterkraut, Mohn, Akelei, Mauer-Zimbelkraut, Wildes Stiefmütterchen, Acker-Veilchen, Ringelblume, Bartnelke, Rainfarn-Phazelie, Kapuzinerkresse, Baumspinat 'Magenta Spreen', Borretsch, Wilde Rauke, Dill, Zitronenmelisse, Asia-Salat, Winterpostelein, Feldsalat sowie Sonnenblumen,

Sehr einfach sind Aussaaten mit Saatbändern oder auch mit Saatscheiben, wo die Saatkörner im richtigen Pflanzabstand eingearbeitet sind.

Amaranth und Hanf vom Vogelfutter. Eine tolle Erfahrung ist, dass Wind und Vögel oftmals Samen einschleppen, die sich gern ansiedeln. Spannend ist dann zu erleben, dass solche geschenkten selbstständigen Pflanzen mit tiefreichender Pfahlwurzel wie die insektenfreundliche Wegwarte, Königskerze und Löwenzahn auch in Balkonkästen imposant gedeihen.

## Stecklingsvermehrung

Preiswert lassen sich leckere insektenfreundliche Lieblingskräuter vermehren. Schneide im Frühsommer bei Lavendel, Rosmarin, Thymian, Salbei, Zitronenverbene, Strauch-Basilikum von starken, jungen, unverholzten Trieben etwa 10 cm lange Stücke ohne Blütenansätze ab. Entferne die unteren Blätter und kürze große Blätter eventuell ein. Stecke die Stücke 5–6 cm tief in feuchte, aber nicht nasse Anzuchterde und sorge vielleicht für „gespannte" Luft. Eine weitere Möglichkeit der vegetativen Vermehrung bei Stauden ist die Teilung der Wurzelstöcke, am besten im Frühjahr oder Herbst. Teile den Wurzelstock beherzt mit den Händen, mit einem Messer oder sogar mit dem Spaten. Das funktioniert sehr gut bei den Wucherern Zitronenmelisse, Waldmeister und Minze. Beschenke damit deine Nachbarn.

## Giftfalle bienenfreundliche Pflanzen

Der BUND hat in Baumärkten und Gartencentern das Zierpflanzenangebot auf Pestizide überprüfen lassen. 40 % aller Proben enthielten hoch bienengiftige Pestizide, neun Proben sogar mehr als ein für Bienen hochgiftiges Pestizid. Insgesamt wurden 55 unterschiedliche Pestizidwirkstoffe nachgewiesen, zwölf davon besonders gefährlich für Wild- und Honigbienen. Bienen nehmen diese schädlichen Insektengifte über Nektar und Pollen der attraktiven Blüten auf, so wird die gut gemeinte Bienenrettung zur Giftfalle. Zudem werden Zierpflanzen in großem Stil auf Kosten des globalen Südens angebaut, woher die Mehrheit der Jungpflanzen stammt. Pestizide, die in der EU verboten sind, werden in Produktionsländern wie Kenia und Kolumbien eingesetzt. Also am besten samenfestes Biosaatgut oder Biopflanzen kaufen oder tauschen, die im Idealfall auch aus der Region stammen und selbst Saatgut abnehmen.

# OBSTBALKON ZUM NASCHEN

Die volle Obstvielfalt ist möglich, genau wie im Garten: Erdbeere, Heidelbeere, Himbeere, Brombeere, Physalis, Gojibeere 'Turgidus', Mini-Kiwi, Apfel und Birne. Es sind kleinere, kompaktere Varianten für den Kübel gezüchtet worden, aber es müssen nicht diese kleinen Sorten verwendet werden. Wer einen Obst-Dschungel anlegen möchte, ist mit normalgroßem Beerenobst besser bedient, der Ertrag wird höher sein. Beerenobst sind meist Waldrandarten, sie gehören nicht ganztägig in die pralle Sonne, sondern sind besonders für Ost- und Westbalkone geeignet. Da bis auf die Andenbeere alle aufgeführten Obstarten winterhart sind, bleiben sie im Winter auf dem Balkon, blühen und tragen im Folgejahr wieder. Es gibt Erfolge mit exotischen Feigen, Khaki und Zitronen, die Winterschutz benötigen.

Hingucker → Obst bringt automatisch gute Laune – die Blüten, Farben, der Geschmack. Obst eignet sich für die Gestaltung von kühlenden Klimabalkons durch Berankung nach oben (Wein, Mini-Kiwi, Brombeere, Himbeere, Säulenapfel, Klettererdbeere). Suche nach deinen eigenen Vorlieben und den Lichtverhältnissen aus.

Großartige Pflanzkombis → Wichtig für die meisten Obstsorten und Gemüsepflanzen sind nicht nur Honigbienen, sondern auch die bedrohten Wildbienen. Nachgewiesen führen unterschiedliche Bestäuber zu besseren Früchten. Erst ihre gemeinsamen Bemühungen führen zu einem optimalen Ergebnis bei der Ernte. Bestäuber lädst du ein mit heimischen Wildpflanzen und Nisthilfen. Als Unterpflanzung passen gut mehrjährige Pflanzen (Stauden) wie Walderdbeeren oder Glockenblumen.

## ERDBEERE

*Fragaria*

Wähle aus dem reichhaltigen Angebot mittelfrüher, spätreifender, dauertragender Züchtungen oder die heimische Walderdbeere mit weißen Blüten, Hänge-Erdbeeren und Kletter-Erdbeeren mit dunkelrosa Blüten oder die Ziererdbeere mit neonpinken Blüten. Die robuste Dauerträgerin 'Mara des Bois' schmeckt aromatisch nach Walderdbeeren und trägt von Juni bis Oktober.

Ideale Partner → Knoblauch schützt vor Schimmelbildung und Fressfeinden, einzelne Zehen im September/Oktober hochkant stecken. Als Wintergemüse bietet sich in Nachkultur Feldsalat, Hirschhornwegerich und Winterportulak an. Blühfreudig und insektenfreundlich sind Borretsch und Koriander.

Tiere pflanzen → Die Bestäubung dieses Rosengewächses durch unterschiedliche Insekten (Hummeln, Honigbienen, Solitärbienen, Fliegen) führt zu höherem Ertrag und besseren Früchten.

## HEIDELBEERE

Zuchtform: *Vaccinium corymbosum*

Bestes Kübelobst mit dekorativen Früchten, einer wunderschönen Herbstfärbung mit (gelb) orangefarbenem Laub und völlig frosthart. Kulturheidelbeeren sind im Gegensatz zu ihren wilden heimischen Verwandten hellfleischig und starkwüchsig bis 1,50 m hoch.

Ideale Partner → Die heimische Schafgarbe. Die einfachsten Begleitpflanzen für Heidelbeeren sind Heidelbeeren. Eine superkompakte Variante wie 'Blautropf' mit 40–60 cm ist ideal als Unterpflanzung im großen Kübel. Paarweise aufgestellte Heidelbeerkübel sind echte Hingucker.

Tiere pflanzen → Die heimische Wald-Heidelbeere (*Vaccinium myrtillus*) ist eine Bienenweide mit Nektarwert 4/4 und Pollenwert 1/4, Schmetterlingsweide und Raupenfutterpflanze. Die Bestäubung erfolgt vorrangig durch Hummeln und Honigbienen. Sie sind selbstfruchtbar, die Pflanzung mehrerer Sorten erhöht den Ertrag.

## HIMBEERE

*Rubus idaeus*

Himbeeren müssen nicht immer rot sein! Es gibt auch gelbe, violette und schwarze Sorten. Für den Topf besonders geeignet sind Herbst-Himbeeren, die an den einjährigen Ruten bis in den November hinein reifen. Ideal ist die Sorte 'Aroma-Queen' und Zwerg-Himbeeren.

Ideale Partner → Klassisch sind Knoblauch, Schnittlauch, Maiglöckchen, Ringelblumen, Vergissmeinnicht. Wildes Stiefmütterchen/Ackerveilchen (*Viola tricolor*) ist heimisch, einjährig, selbstversamend. Wer einmal (Acker- und Horn-)Veilchen pflanzt, bekommt Jahr für Jahr Gratispflanzen dazu.

Tiere pflanzen → Die weiße Blüte der Wildform vom Rosengewächs bietet von Mai bis Juni einen Nektarwert 4/4 und Pollenwert 3/4. Sie ist Schmetterlingsweide, Raupenfutterpflanze und Vogelschutzgehölz. Die unterschiedlichen Bestäuber (Wildbienen, Hummeln, Honigbienen, Schmetterlinge und Fliegen) führen zu besseren Früchten.

#machsnachhaltig

# OBSTBALKON
## ZUM NASCHEN

Beerenobstpflanzen beziehst du beim Obstzüchter und in guten Biogärtnereien.

### *Erdbeere*

Setze Kulturerdbeerpflanzen ganzjährig an einen sonnigen, luftigen Platz mit gutem, humusreichem Substrat. In einen Balkonkasten von 120 cm Länge passen fünf Erdbeerpflanzen. Achte auf die Pflanztiefe, das Herz der Erdbeerpflanzen bleibt über der Erdoberfläche. Beste Pflanzzeit für Erdbeeren ist Mitte Juli bis Mitte September. Grundsätzlich gilt: Je früher gepflanzt wird, desto höher ist der Ernteerfolg im nächsten Jahr. Gieße und dünge regelmäßig. Nach drei Jahren lässt der Ertrag der frostharten Erdbeeren nach. Dann gewinnst du Ableger, indem du eine Ranke mit entstehendem Erdbeerpflänzchen („Kindel") der ertragreichsten, kräftigsten und gesündesten Mutterpflanze in ein neues Töpfchen mit frischer Erde drückst. Sobald die Setzlinge Wurzeln haben, wird die Ranke abgetrennt. Durch Kombination mehrerer Sorten mit unterschiedlichen Erntezeiten verlängerst du dein Naschvergnügen.

### *Himbeere*

Die Himbeere als Waldrandpflanze braucht Sonne, sollte aber gerade im Kübel nicht an den heißesten und vollsonnigsten Lagen stehen. Ein heller, halbschattiger Platz ist ideal. Zu hohe Temperaturen in der Vollsonne führen zu Stress und Schäden an Blattwerk und Wurzeln. Wähle einen großen Topf ab 15 l, besser noch 30 l und mehr. Unten in den Topf gib eine Drainageschicht (Kies, Styropor oder Leca®). Darüber kommt ein Vlies, damit keine Wurzeln einwachsen oder Erdteilchen einwandern und die Poren verstopfen. Da Himbeeren extrem empfindlich auf Staunässe reagieren, solltest du weitere Wasserabzugslöcher in den Topf bohren. Stelle den Topf zur Vermeidung von Wurzelkrankheiten etwas höher, damit das Wasser gut ablaufen kann. Eine Himbeere ist am gesündesten, wenn sie eher zu trocken als zu nass geführt

*Erdbeere, Johannisbeere und Apfelbaum sind frosthart und mehrjährig. Beim Pflanzen auf durchlässiges Substrat und einen sonnigen Standort achten.*

wird. Wichtig sind grobe, lockere, humose Substrate wie Bio-Gemüse-Erde, die das Wasser sehr gut speichern können. Am besten gieße in Intervallen, maximal ein- bis zweimal pro Woche. Himbeerzüchter empfehlen, wegen der gefürchteten Staunässe, keinesfalls zu mulchen. Herbsthimbeersorten fruchten von Juli bis zum ersten Frost. Pflanzen, wachsen, blühen, fruchten, ernten und genießen – das findet alles in einem Jahr statt. Der notwendige Schnitt ist einfach: Bevor die neue Vegetationsperiode beginnt, schneide alle Ruten bis 5 cm über dem Boden ab, sie treiben neu aus.

### Heidelbeere

Die ursprünglich aus Nordamerika kommenden Kulturheidelbeeren bevorzugen einen sonnigen, windgeschützten Standort, sind aber auch für den Halbschatten geeignet. Heidelbeeren sind Heidekrautgewächse. Verwende saure Erde (Heidelbeer- oder Rhododendronerde), dabei auf die Deklaration der Torffreiheit achten. Züchterisch kommen jährlich neue Sorten in den Handel, die durch eine höhere pH-Wert- und Trockenheitstoleranz, gute Wetterfestigkeit und bessere Erträge begeistern. Das Pflanzgefäß sollte 15 l für kompakte Sorten umfassen, für hochwachsende Sorten später mindestens 50 l. Bringe am Boden eine Drainageschicht ein und gieße regelmäßig, da Trockenheit nicht vertragen wird. Schneide nach Bedarf, die Pflanzen sind gut schnittverträglich. Die Heidelbeere fruchtet am besten am relativ jungen Holz. Es lohnt, die Pflanze alle 3 Jahre etwas stärker zu schneiden, 20 % des Wurzelballens wegzuschneiden und die Erde auszuwechseln. Dünge zweimal im Jahr, einmal im Frühjahr und das zweite Mal nach der Blüte. Eine Möglichkeit ist Kaffeesatz, aber nicht zu viel. Gebe bei allem Beerenobst immer wieder mal eine Handvoll Wurmhumus, Kompost oder Waldboden mit Milliarden von Mikroorganismen dazu.

# GEMÜSEBALKON SÜDSEITE

Aufgrund steigender Preise ist der Trend zur Kultivierung von frischem Gemüse deutlich spürbar. Große Pflanzgefäße mit viel Wurzelraum und Wasserspeicher sind wieder günstig. Die Klimaänderung mit immer trockener und heißer werdenden Sommern, gefolgt von milden und regenreichen Wintern beeinflusst, was und wie angebaut wird. Zusätzlich wirkt auf städtischen Balkons eine Wärmeglocke mit bis zu 7 °C wärmeren Temperaturen als im Umland. Dies führt zu einer Verlängerung der Anbausaison. Wir können früher starten und bis in den Winter hinein ernten. Das Vier-Jahreszeiten-Gärtnern umfasst klimafittes Sommergemüse, Wintergemüse (siehe Seite 68), wofür Südbalkons prädestiniert sind, und natürlich Gemüse für die Übergänge. Wichtig ist die Auswahl jeweils zum Standort geeigneter Arten und vor allem auch Sorten. Es gilt immer wieder zum passenden Zeitpunkt auszusäen und kontinuierlich in Sätzen zu pflanzen. Damit alles gut wächst und weniger Wasser verdunstet, braucht unser Substrat Pflege und Schutz mit Mulchmaterial. Kluge Bewässerung sowie Pflanzenvielfalt helfen, Nährstoffe und Wasser bestmöglich zu nutzen.

Hingucker → Gesund aussehendes Grün ist günstig für unsere Psyche und unser Wohlbefinden. Akzente bringen buntstieliger Mangold, bunte Beten und Radieschen, rankende Inkagurke oder Mexikanische Minigurke und natürlich das Fruchtgemüse.

Großartige Pflanzkombis → Heimische Wildpflanzen fördern Nützlinge, die sich um Blattläuse u. Ä. kümmern. Außerdem ziehen sie Bestäuber für unser Fruchtgemüse an. Kapuzinerkresse lockt Blattläuse an, die dann nicht andere Pflanzen schwächen.

## RADIESCHEN

*Raphanus sativus var. sativus*

Große Freude beim Anblick vom Radieschen-Trio ‘French Breakfast’ (rot/weiß), ‘Rudi’ (rot) und ‘Eiszapfen’ (rein weiß). Für den Sommeranbau passt ‘Sora’. Dazu voller Geschmack, viele gesunde Vitalstoffe, knackige Frische. Sie sind sogar frosthart bis −7 °C. Wurde zu dicht gesät, wird vereinzelt. Dann sind sie pikante Microgreens für das Butterbrot. Nach der Ernte das Radieschenlaub nicht wegschmeißen, es ist essbar. Prima z. B. für grünen Smoothie oder Pesto. Noch ein Tipp: Iss mal eine junge Schote! Oder eine Blüte! Die frischen jungen Schoten schmecken wie Radieschen. Nur jung müssen sie sein, später werden sie holzig.

Ideale Partner → Der Schwachzehrer wächst gut mit Erdbeeren, Salat, Spinat, Erbsen, Möhren, Bohnen, Kohl, Mangold, Kresse und Petersilie.

Tiere pflanzen → Die Kreuzblütler-Blüten in Weiß und Rosa sind eine Augenweide und nützen Wildbienen.

## GRÜNER SALAT

*Lactuca sativa*

Den heimischen Grünen Salat oder Garten-Salat gibt es in zahlreichen Zuchtformen. Er ist frosthart bis –11 °C. Ich empfehle die mehrfach beerntbare würzige Mischung „Bunte Salatplatte“ als Saatband mit ‘Laibacher Eis 4’, ‘Red Salad Bowl’, ‘Maravilla de verano’, ‘Marius’, ‘Cerbiatta‘, ‘Lollo Bionda’, ‘Rucola’, ‘Red Giant’, ‘Mizuna’, ‘Green in Snow’.

Ideale Partner → Der Schwachzehrer passt gut zu Dill, Erdbeere, Bohnen, Kohl, Radieschen, Rote Bete, Knoblauch und Kerbel.

Tiere pflanzen → Die uralte Kulturpflanze Grüner Salat ist als Korbblütler eine Schmetterlingsweide, dient als Futterpflanze für 14 Schmetterlingsraupenarten und wird viel von Honigbienen besucht. Normalerweise bekommt man die Blütentriebe nicht zu Gesicht, da Grüner Salat vor der Blüte geerntet und verzehrt wird. „Schießt“ er, so erreichen die vor allem im oberen Teil verzweigten Stängel eine imposante Höhe von bis zu einem Meter.

## HOKKAIDO-KÜRBIS

*Cucurbita maxima*

Kürbisse als Rankpflanzen am Balkongeländer entlang oder am Rankgitter wachsend fördern einen kühlenden Balkondschungel. Es gibt Sorten vom Hokkaido mit grau-blauen Früchten ‘Blue Kuri’, leuchtend roten oder orangefarbenen Früchten mit schöner, runder Fruchtform ‘Solor’, ‘Red Kuri’ oder welche mit dunkelgrüner Schale ‘Green Hokkaido’. Auffallend sind immer die zahlreichen großen gelben Blüten, die auch noch gut duften. Der Mini-Hokkaido ‘Zora’ rankt nicht.

Ideale Partner → Der Starkzehrer ist genau wie die Zucchini ein Kürbisgewächs. Dazu passen in der klassischen Milpa-Mischkultur Bohnen und Mais, aber auch schnell dazu gesäte Kornblumen, Senf, Acker-Rittersporn, Klatschmohn und Acker-Veilchen.

Tiere pflanzen → Die Hummeln beißen die Blüten von außen an und bringen sie durch Flügelschlagen zum Vibrieren, was die Blüten bestäubt.

#machsnachhaltig

# GEMÜSEBALKON SÜDSEITE

Wir Balkongärtner finden Lösungen, durch Vertikalanbau den wenigen Platz und den wichtigen Faktor Licht bestens auszunutzen. Möglich ist der Anbau in engerem Pflanzabstand, als bisher empfohlen und im Gartenbeet üblich, wie es sich auch in der Marktgärtnerei bewährt. Wird unser Substrat obendrein mit Wurmhumus, Kompost oder Effektiven Mikroorganismen gepflegt und aufgepeppt (siehe Seite 18), bauen wir in Vielfalt und Abwechslung stark-, mittel- und schwachzehrende Gemüsearten an, bleibt unser Substrat fruchtbar und muss keinesfalls jährlich im Frühjahr getauscht werden. Verlängern wir die Erntesaison! Südbalkons sind für den Anbau von Wintergemüse (siehe Seite 66) besonders geeignet, damit sind Ernten in allen vier Jahreszeiten möglich. Du kannst durchdachte Anbaupläne und Fruchtfolgen erstellen oder dich von deinen persönlichen Vorlieben und deiner Freude leiten lassen, was ich eindeutig vorziehe.

### *Qualität vor Quantität*

Ich baue an, was ich besonders gern esse und anschaue, im Biomarkt nicht bekomme und was besonders vitalstoffreich ist (siehe Seite 78). Wähle dir deine persönlichen Schwerpunkte: Vitalstoffreichtum, Frische und damit keinerlei Transportverlust, Freude, Ertragsmenge oder Optik. Die vorgeschlagenen großartigen Pflanzkombis mit bewährten Mischkulturpartnern und verschiedensten heimischen Wildpflanzen bringen Vielfalt, die unsere Pflanzen vor Krankheiten und Schädlingen schützt. Die Wetterentwicklung mit überdurchschnittlicher Hitze und kaum Regen in den vergangenen Sommern, aber auch Starkregen und Hagel, verlangt den Pflanzen einiges ab. Balkons werden nicht umsonst als Extremstandort bezeichnet. Verwende Rankpflanzen wie Gurken und Stangenbohnen zur Temperatursenkung im Sommer. Die allerwichtigste Pflegemaßnahme ist das richtige Gießen (siehe Seite 38). Versuche, eine automa-

*Für Gärtner mit wenig Platz bietet sich das „Gärtnern im Quadrat" („Square foot gardening") an. Diese Anbaumethode erlaubt relativ dichtes Bepflanzen.*

tische Bewässerung zu installieren. Durch die punktgenaue Bewässerung im Wurzelbereich wirst du viel ernten und dabei Wasser sparen.

## So erntest du fortlaufend frisches Gemüse

Baue viel Blattgemüse an und säe alle 2–4 Wochen nach (satzweiser Anbau): Rucola, Asia-Salat, Gartenkresse und Pflücksalat (anstatt Kopfsalat). In den Pflanzgefäßen, die erst ab den Eisheiligen Mitte Mai reserviert sind für das Sommergemüse wie Gurken, Tomaten oder Paprika, kann bis dahin Wintergemüse wachsen, wie Grünkohl, Rosenkohl oder Kohlrabi, aber auch Winterportulak, Asia-Salat, Rucola und Radieschen. Wachsen die Tomatenpflanzen, werden schon wieder Kohlpflanzen zwischengesetzt. Beziehe die äußeren Fensterbretter mit ein. Es gibt sichernde Vorrichtungen ohne Anbohren der Hauswand, die ein Herunterfallen der Balkonkästen verhindern. Setze von Zucchini, Gurken und Kürbissen zwei Pflanzen, das bringt einen besseren Fruchtansatz. Allerdings benötigen diese drei Starkzehrer-Arten bereits als Einzelpflanze einen großen Topf mit mindestens 20 l nährstoffreicher Erde. Vertikalbeete erhöhen die nutzbare Anbaufläche bei viel Wurzelraum. Nicht nur bei Erbsen und Bohnen gilt: Ernten, ernten, ernten, so wird die fortlaufende Blütenbildung angeregt. Spinat verträgt keine Hitze. Für den Sommer bieten sich wüchsige Spinat-Ersatzpflanzen an: Gartenmelde, Neuseeländer Spinat, Malabarspinat, Surinam-Spinat, Blattmangold, Brennnessel und Guter Heinrich. Es lohnt, auf besonders ertragreiches Gemüse zu setzen und Humusaufbau zu betreiben: Mangold ca. 5 kg/$m^2$, Tomaten ca. 4 kg/$m^2$, Zucchini ca. 4 kg/$m^2$, Stangenbohnen ca. 3 kg/$m^2$. Oftmals „blockieren" Aussaaten und schön blühendes Gemüse und deren Samenbildung die Töpfe, pflanze sie um. Ziehe Jungpflanzen deshalb drinnen vor und setze sie später nach draußen.

# TOMATENBALKON

Von groß bis klein ist bei Balkongärtners Liebling alles möglich und die Farbenvielfalt darf nicht fehlen. Grüne, schwarze, weiße, gelbe und braune Tomaten darfst du entdecken und genüsslich verzehren. Prachtstücke ernten aus dem Tomatendschungel in großen Pflanzgefäßen, vom Sichtschutz am Spalier, vom fahrbaren Topf auf einem Rollbrett als Sonnenschutz oder von der Decke in Hängeampeln – hier hängen sie fast in den Mund hinein. Wir können aus Tausenden von verschiedenen Tomatensorten wählen, die wir im Laden nie zu kaufen bekommen werden. Wähle nach deinen Kriterien, sei es Größe der Pflanze, Früchte, Optik, Geschmack, Robustheit oder Ertrag.

Hingucker → Typischerweise sind die Früchte kugelförmig. Es gibt aber auch birnenförmige Sorten oder Früchte, die an Paprika erinnern. Unreife Tomaten sind grün. Während des Reifungsprozesses nehmen sie eine rote, gelbe, orange oder schwarze Färbung an, mit teils sensationellen Farbübergängen. Es existieren jedoch auch Sorten, die selbst im reifen Zustand grün bleiben.

Großartige Pflanzkombis → Tomaten passen prima mit Kräutern, den anderen Lieblingen eines jeden Balkongärtners, zusammen. Deren würziger Geruch aufgrund der ätherischen Öle soll Schädlinge abhalten und das Tomatenaroma verstärken. Da Hummeln Bestäuber der Tomatenblüten sind, dürfen ausreichend „Hummelpflanzen" blühen: Kapuzinerkresse, Zitronenmelisse, Pfefferminze, Garten-Salbei, Oregano, Thymian, Lavendel, Löwenmäulchen, Katzenminze, Kornblume und Klatschmohn.

## BUSCHTOMATEN

Buschtomaten, auch Balkontomaten genannt, wachsen strauchig und werden selten höher als 1 m. Sie brauchen keine Rankhilfe und werden nicht ausgegeizt. Bei der pflegeleichten, klein bleibenden Hängetomate 'Tumbling Tom Red' (30 cm hoch) hängen die roten, kirschgroßen Früchte zahlreich über den Gefäßrand. Silbrig behaart ist das Blattwerk bei 'Fuzzy Wuzzy'. Gute Sorten: 'Whipper Snapper/Dreikäsehoch' (30 cm), 'Paulinchen', 'Balkonstar'. Der Anbau von 3 Pflanzen im 90 cm Blumenkasten hat sich bewährt.

Ideale Partner → Die ätherischen Öle von Petersilie und Basilikum halten Schädlinge fern und fördern das Tomatenaroma. Klassische Mischkultur: Spinat, Neuseeländer Spinat, Radieschen, Salat, Knoblauch, Kohl und Kohlrabi.

Tiere pflanzen → Die Nachtschattengewächse sind Selbstbestäuber, Hummeln oder Wind sind notwendig. Die Hummeln vibrieren die Pollen heraus.

## STAB- UND COCKTAILTOMATEN

Sie sind bis 2 m hochwachsend mit Früchten in allen Farben. Die Früchte der Stabtomaten (gelb 'Sunviva', grün 'Green Zebra', rot 'Ochsenherz') sind deutlich größer als die der Cocktailtomaten ('Ruthje', 'Sibirisches Birnchen', 'Fredi', 'Yellow Submarine'). Die Triebe werden an einer Rankhilfe hochgebunden. Diese Tomaten sollten ausgegeizt werden, dabei werden die jungen Seitentriebe in den Blattachseln entfernt. So kann die Pflanze ihre Kraft auf den Haupttrieb verwenden.

Ideale Partner → Verschiedene Sorten vom Lippenblütler Basilikum: Purpur-Basilikum, Thai, Tulsi, Genoveser oder Buschbasilikum. Weitere aromatische, essbare, insektenfreundliche Blühpartner sind Kleine Kapuzinerkresse, kriechend als 30 cm hoher Bodendecker, und die Große Kapuzinerkresse, über den Topfrand herabhängend oder kletternd mit 1 m langen Ranken in leuchtenden Farben, Gewürztagetes und Petersilie.

## WILDTOMATEN

Die idealen süßen Naschfrüchte sind murmel- bis kirschgroß. Die buschig wachsenden Wildtomaten brauchen viel Platz, es können schon 2 m² werden mit einer Wuchshöhe von 1,5 m. Toll ist je eine 'Rote und Gelbe Johannisbeertomate' in einem großen Topf, die Triebe mit den unterschiedlichen Früchten wachsen bunt ineinander. Oder 'Rote und Gelbe Johannisbeertomate' als eine ideale Hängebepflanzung mit ca. 80–120 cm langen hängenden Trieben. Die Nährstoffansprüche sind geringer als bei Kulturtomaten, zu viel Düngung und Wassergaben führen zu starker Laubbildung und vermindern die Fruchtqualität. Die Nebentriebe sollten mäßig ausgegeizt und die Pflanzen etwas hochgebunden werden. Gute Sorten: 'Golden Currant', 'Rote Murmel'und 'Small Egg' für Hängeampel.

Ideale Partner → Gartenkresse, Gewürztagetes und Ackersenf.

#machsnachhaltig

# TOMATENBALKON

*Tomaten gehören an den sonnigsten Platz und brauchen einen großen Topf.*

Beginne Mitte März mit der Aussaat auf dem Fensterbrett mit dem meisten Licht. Tomaten sind lichthungrig und wärmeliebend. Dazu füllst du Aussaatschalen, kleine Töpfe oder halbierte Klopapierrollen, Eierverpackungen, Joghurtbecher bis 2 cm unter den Rand mit nährstoffarmer Anzuchterde oder Kräutererde. In jedes Töpfchen kommt ein Samenkorn, das du leicht mit Erde bedeckst. Wenn sich nach 3–4 Wochen das erste Blattpaar nach den Keimblättern entwickelt hat, pflanzt du sie in einen größeren Topf. Vorher die Wurzelspitze ein wenig abkneifen, um eine gut verzweigte Wurzelbildung zu fördern. Die Pflänzchen werden bis zum Ansatz der Keimblätter in die Erde gesetzt, also deutlich tiefer als sie bisher standen. Tomaten haben die Besonderheit, dass am Stängel Wurzeln wachsen, das wollen wir fördern.

## Auspflanzen

Noch vor den Eisheiligen Mitte Mai pflanzt du jede Tomatenpflanze in einen mindestens 10 l großen Kübel in nährstoffreiche torffreie Bio-Gemüse-Erde, noch besser ist ein größerer Kübel, insbesondere für Stab- und Wildtomaten. Setze die Pflanze wiederum tiefer und häufele die Erde am Stämmchen an. So bildet sich ein kräftiger Wurzelballen. In das Pflanzloch gibst du Wurmhumus, Kompost, Hornspäne, Schafwolle/Schafwollpellets oder drei bis vier Hände kleingeschnittene stickstoffhaltige Brennnesseln. Die Brennnesseln verrotten, das ergibt natürlichen Dünger und wärmt die „Füße" der Pflanze – Tomatenpflanzen mögen keinen nasskalten Boden. Bevor die Pflänzchen spätestens nach den Eisheiligen dauerhaft draußen stehen, müssen sie einige Tage stundenweise abgehärtet werden, denn Frost gefährdet sie. Vor zu viel Sonne und Wind schützt du sie anfangs mit einer Zeitung. Der Standort sollte sonnig, luftig und regengeschützt sein, denn nicht zügig abtrocknendes Wasser an den Blättern kann zu Pilzerkrankungen führen. Wie viele andere Gärtner mache ich die positive Erfahrung, frostempfindliche Pflanzen wie Tomaten schon einige Wochen vor den Eisheiligen erfolgreich draußen auf dem Balkon wachsen zu lassen, ohne dass sie einen Kälteschock mit Wachstumsstörung erleiden. So verfrüht und verlängert sich die Erntezeit. Für noch nicht so Erfahrene und Mutige besteht die Möglichkeit, die Hälfte der Pflanzen draußen wachsen zu lassen und die andere Hälfte noch in der warmen Wohnung zu lassen.

## Pflege

Gieße die Pflanzen regelmäßig am Fuß, ohne die Blätter nass zu machen. Gieße durchdringend, anstatt täglich morgens und abends nur die oberste Schicht zu benässen. Zum Nachdüngen eignen sich Brennnesseljauche oder -smoothie, maximal dreimal in der Saison (siehe Seite 22) sowie Hornspäne, Schafwolle und Wurmhumus. Tomatenpflanzen benötigen für die gesunde Fruchtbildung ausreichend und regelmäßig Wasser und Nährstoffe. Unzureichende Versorgung zeigt sich nicht nur am Laub, sondern auch an den Früchten. Trockenheitsverträglicher sind kleinfruchtige Sorten wie Wild- und Cocktailtomaten.

Bei Stab- und Cocktailtomaten werden die Triebe an einer Rankhilfe hochgebunden. Diese Tomaten müssen ausgegeizt werden, indem die jungen Seitentriebe der Pflanzen in den Blattachseln entfernt werden. Vergisst du das Ausgeizen, werden die Tomaten trotzdem tragen. Die entfernten Geiztriebe kannst du in einem Wasserglas Wurzeln bilden lassen und bis Mitte Juli noch einsetzen. So verlängerst du die Erntesaison in den Herbst hinein.

Wildtomaten brauchen viel Platz und ein Rankgerüst bzw. Spalier für den Tomatendschungel. Nebentriebe können als Sichtschutz an Schnüren hochgebunden und etwas ausgegeizt werden. Sie werden weniger gedüngt als Kulturtomaten, sonst wird zu viel Laub gebildet und die Fruchtqualität leidet.

## Samen

Bei samenfesten Sorten ist das Gewinnen von Tomatensamen ganz einfach. Mit einem Löffel die Samen einzeln herausnehmen und auf ein Küchenrollenpapier zum Trocknen legen. Beschriften mit Sorte und Jahr, trocken und dunkel aufbewahren. Wenn du diese Samen in den Folgejahren aussäst, werden immer wieder genau die gleichen Prachtstücke herauskommen, bei Hybridsorten (gekennzeichnet mit F1) ist das nicht der Fall, da gibt es Überraschungen. Tomatensamen bleiben 5 - 10 Jahre keimfähig.

# GEMÜSEBALKON NORDSEITE

Bei Gemüse gilt grundsätzlich, je mehr Sonne, umso besser. Die Erfahrungen von Nordbalkon-Gärtnern sind trotzdem positiv: Kräuter, Salate, Mangold, sogar Tomaten, Paprika und Gurken. Einfach ausprobieren, was am eigenen Standort funktioniert. Lasse dich nicht von irgendwelchen Tabellen oder „Das geht nicht!" beeinflussen. Versuche es und mache deine eigenen Erfahrungen. Es kann sein, dass es nicht optimal wächst, aber dann kannst du immer noch anderes probieren. Du wirst staunen, was alles geht, denn gänzlich ohne Licht wird dein Balkon vermutlich nicht sein. Vor allem Blattgemüse mit dunklen Blättern kommt auch mit schattigen Plätzen zurecht. Von mediterranen Kräutern rate ich ab. Fasse dieses Kapitel als Ermutigung auf, auch auf Nordbalkons mit dem Gemüseanbau anzufangen. Viel falsch machen kannst du nicht, im schlimmsten Fall hast du viel Freude und wenig Gemüse.

Hingucker → Stattlicher Palmkohl und Grünkohl als Solitärpflanzen wachsen bei guter Düngung im großen Balkonkasten. Dazu sattes Blattgrün von Asia-Salaten, Wilder Rauke, Rote Bete, Giersch und Bärlauch, der aber nach der Blüte einzieht. Beim Mangold bringen die buntstieligen Sorten rote, gelbe, rosa, weiße und gelbe Farbtupfer, ebenso die Radieschen und Beten. Im Frühjahr bringen die Kreuzblütler Palmkohl, Grünkohl, Asia-Salate, Rauke und Radieschen wunderbare Blüten, lasse sie deshalb ausblühen.

Großartige Pflanzkombis → Basilikum, Walderdbeere, Jiaogulan, Petersilie, Kresse, Kapuzinerkresse, Schnittlauch, Gundermann, Waldmeister, Nesselblättrige Glockenblume, Wald-Sternmiere, Große Sterndolde, Akelei, Günsel, Hosta.

## SPINAT

*Spinacia oleracea*

Aufgrund der Klimaänderung verschieben sich die Anbauzeiten wegen Schossgefahr im Sommer. Deshalb sollte Spinat früher im Frühjahr oder im Spätherbst angebaut werden oder eben in schattigeren Bereichen und auf Nordbalkons. Hier besteht die Gefahr von erhöhter Nitratbildung. Es lohnt, sich mit „Spinat-Ersatzpflanzen" wie Mangold, Brennnesseln, Giersch und Melde zu befassen, die gut im Schatten wachsen – sie werden wie Spinat verwendet und schmecken sogar noch leckerer.

Balkonsorten bis 40 cm hoch → 'Verdil', 'Matador', 'Butterfly'.

Ideale Partner → Der Mittelzehrer passt zu Kohl, Kohlrabi, Radieschen und Rettich.

Tiere pflanzen → Das Fuchsschwanzgewächs nützt Schmetterlingen als Raupenfutterpflanze und die gelben Blüten sind eine Schmetterlingsweide. Spinat ist eine beliebte Gründüngungspflanze und sorgt auch im Kübel für eine gute Bodenstruktur.

## MANGOLD

*Beta vulgaris ssp. vulgaris*

Bei diesem Blattgemüse sind die Blattstiele je nach Sorte grün, rötlich, dunkelrot oder gelb und bis 40 cm hoch. Mangold verträgt leichte Fröste und bringt damit das ganze Jahr Farbe. Wenn die äußeren Blätter erfrieren, ist das Herz (der Vegetationspunkt) meist noch lebendig und treibt im Frühling wieder aus. Die äußeren Blätter werden einzeln geerntet, sodass er immer weiter wächst. Eine tolle Optik ergibt bunter Mangold zwischen Salate gepflanzt.

Balkonsorten → rotstielig 'Feurio', weißstielig 'Glatter Silber', gelb 'Pirol', vierfarbig 'Rainbow', grüner Schnittmangold für Baby-Leaf-Anbau 'Verde da Taglio'.

Ideale Partner → Der Mittelzehrer passt zu Salat, Buschbohnen, Kohl, Möhren und Radieschen.

Tiere pflanzen → Mangold ist eine Kulturform der Rübe. Das Gänsefußgewächs ist nützlich für Schmetterlinge und Wildbienen. Sperlinge naschen gern am jungen Grün.

## ASIA-SALAT 'MIZUNA'

*Brassica rapa var. japonica*

Dieses sehr rasch wachsende einjährige Salatkraut mit mildem Kohlgeschmack, auch Senfkohl oder Japanischer Blattsenf genannt, ermöglicht sehr hohe Erträge durch 5-maliges Beernten, das Herz bleibt jeweils stehen. Die Blätter sind hell- bis dunkelgrün gefiedert und haben einen weißen, schmalen Blattstiel bis 30 cm hoch.

Ideale Partner → Asia-Salate sind Kohlgewächse, Mittel- bis Starkzehrer, und harmonieren gut mit Spinat, Salat, Bohnen und Erbsen.

Tiere pflanzen → Bei steigenden Temperaturen und Wassermangel kann es bereits im späten Frühjahr dazu kommen, dass der Mizuna wie auch die anderen Asia-Salate mit langen Stängeln und kleinen, leuchtend-gelben Blüten in die Höhe schießt. Die Blüten haben einen mittleren Nektar- und Pollenwert. Sie sind besonders beliebt bei Wildbienen, aber auch Schmetterlinge nutzen sie. Aus den essbaren Blüten bilden sich essbare zarte Schoten, die später holzig werden und Samen ausbilden.

#machsnachhaltig

# GEMÜSEBALKON NORDSEITE

Verwende für den Anbau von Gemüse eine torffreie Bio-Gemüse-Erde und möglichst große Pflanzgefäße mit Wasserspeicher. Eine Drainageschicht ist nicht unbedingt erforderlich, im Gefäß mit Wasserspeicher sowieso nicht, weil dem Gemüse mit Wurzelraum mehr gedient ist. Besorge dir biologisches samenfestes Saatgut oder als einfachere Variante Biopflanzen aus einer regionalen Gärtnerei oder über eine Online-Versandgärtnerei. Auf meiner Webseite bio-balkon.de befindet sich eine Grüne Karte, um Bio-Gärtnereien in deiner Umgebung zu finden. Führen diese noch keine Wintergemüse-Jungpflanzen, das sind oftmals Blattgemüsepflanzen mit dunklem Blattwerk, melde Bedarf an, damit sich die Situation ändert. Am preisgünstigsten ist die Aussaat. Feldsalat, Rucola, Winterportulak und die vielfältigen Asia-Salate sind schnell ausgesät. Arbeite mit Staffelaussaten, ziehe Jungpflanzen in der Wohnung vor und setze bereits große und starke Pflanzen zur Ausnutzung der warmen Vegetationsperiode in die freien Plätze deiner Pflanzgefäße.

## Spinat

- Spinat ist ein Dunkelkeimer, Saattiefe: ca. 3 cm.
- Aussaat für Frühjahrsernte: Ende Februar bis Mitte April, später geht er zu schnell in die Blüte, auch bei Trockenheit.
- Aussaat für Winterernte: Anfang August bis Ende Oktober. Pflanzung September bis Oktober. Frosthärte: bis −20 °C.
- Bei der Ernte im Baby-Leaf-Anbau 10–15 cm Reihenabstand, sonst ca. 30 cm und versetzt.
- Am besten sollte man abends ernten, denn durch Sonneneinstrahlung sinkt der Nitratgehalt.

## Mangold

- Mangold ist ein Dunkelkeimer, Saattiefe: ca. 3 cm.
- Direktsaat: Ende März bis Mitte Juli, Ernte laufend ab 8 Wochen nach der Aussaat bis zum Frühjahr. Frosthärte: bis −10 °C.
- Mangold enthält auch Oxalsäure. Das soll-

*Vor allem dunkles Blattgemüse eignet sich für Bereiche mit wenig Sonnenlicht: hier Spinat, die Vielfalt der Asia-Salate, Pflücksalate und Petersilie.*

ten empfindliche Personen, z. B. Menschen mit Nierensteinen oder Knochen- und Gelenkproblemen, berücksichtigen.

- Bei Aussaat bis Oktober bzw. Pflanzung bis November erfolgt die Ernte als Baby-Leaf, wenn die Blätter 6–12 cm hoch sind.
- Pflanzabstand Stielmangold 10 × 10 cm bis 30 × 40 cm, Blattmangold-Aussaat in Reihen von 20–30 cm Abstand.

### Asia-Salat 'Mizuna'

- Schöne, ertragreiche Variante aus der Gruppe der Asia-Salate.
- Asia-Salate sind Dunkelkeimer, Saattiefe: 1–2 cm.
- Weitere Sorten: 'Red Giant', 'Green in Snow', 'Mizuna Deep Red', 'Feathergreen', 'Moutarde Rouge Metis', 'Golden Frills', 'Green Wave' und 'Wasabino'. 'Mizuna' schmeckt wenig scharf. Besonders scharf sind 'Red Giant' und 'Wasabino'.

Am geschützten Balkon sind Anbau und Aussaat von Asia-Salaten ganzjährig möglich, günstig als Staffelaussaaten. Bei heißen Temperaturen neigen sie zum Schießen. Leichte Vermehrung über Selbstaussaaten, sodass sie in den Folgejahren in verschiedenen Töpfen von allein wachsen. Aussaat für die Winterernte Ende September bis Ende Oktober. Beziehst du Pflanzen, ist eine gestaffelte Pflanzung bis Mitte November günstig, um Weihnachten frischen Salat zu ernten. Frosthärte: –10 bis –20 °C. Der Reihenabstand für den Baby-Leaf-Anbau beträgt 10 cm, für größere Pflanzen 20–30 cm. Wir Balkonier dürfen immer probieren, enger zu säen und zu pflanzen.

Asia-Salate sind mehrfach beerntbar im Baby-Leaf-Anbau: Jeweils die äußeren Blätter ernten oder flächig als Baby Leaf schneiden, wenn die Blätter 6–12 cm hoch sind. Das Herz – den Vegetationspunkt, wo die Blätter entsprießen – auf 2 cm stehen lassen.

### Pflege auf der Nordseite

Die Pflanzen wachsen im Schatten naturgemäß schwächer als in der Sonne und brauchen daher auch weniger Dünger und Wasser. Mache, wie bei allen anderen Standorten auch, regelmäßig die Fingerprobe, indem du die Fingerspitze vom Zeigefinger 1,5–2 cm tief in die Erde steckst. Ist diese feucht, muss nicht gegossen werden. Ist das Substrat trocken, dann hole die Gießkanne. Auch im Schatten solltest du direkt über die Erde oder in den Untersetzer gießen, damit keine Pilzerkrankungen begünstigt werden. Zu viel Wasser schadet jeder Pflanze. So verhinderst du, dass sich Staunässe bildet, die zum Faulen von Wurzeln oder der aufliegenden Blätter führt.

# WINTERGEMÜSEBALKON

Die Klimaänderung führt zu einer Verlängerung der Anbausaison, dazu kommen die Wärmeglocken über Städten und Wärme abstrahlende Hauswände. Wintergemüse bedeutet, dass im Herbst und Winter geerntet wird, was bereits im Sommer gesät bzw. gepflanzt wird. Wir können den ganzen Winter lang gesundes Gemüse ernten, wenn wir rechtzeitig ins Sommergemüse hinein schon das Wintergemüse integrieren. Der Chef der Wiener Cityfarm Wolfgang Palme hat lange Jahre Erfahrungen im Winteranbau gesammelt. Er hat ein gutes Buch über 77 erprobte Wintergemüsearten geschrieben, die frostfester sind als bisher angenommen. Nicht der Frost schadet den Wintergemüsepflanzen, sondern nicht abtrocknende Nässe führt zu Schäden. Gerade wir Balkonier können erfolgreich und einfach im Winter ernten – Low Budget, ohne Gewächshaus und Heizung. Überdachte Südbalkons sind besonders geeignet, die Decke schützt vor Niederschlag.

Hingucker → Üblich ist, über die Winterzeit Tannenzweige in die Balkonkästen zu stecken. Der Anblick von verschiedenen Asia-Salaten, Winterkresse, Grünkohl, Hirschhornwegerich, Pak Choi, Winterpostelein, Wilder Rauke, Speisechrysantheme, Spinat und Feldsalat auf dem Winterbalkon ist aber viel wohltuender. Wintergemüse bringt uns Vitalstoffe in der kalten Jahreszeit, wo wir sie am dringendsten benötigen.

Großartige Pflanzkombis → In Staudenbereiche Wintergemüsepflanzen setzen oder schon rechtzeitig ins Sommergemüse an abgeernteten Stellen integrieren – das ist die Kunst. Unter Tomaten und Paprika Asia-Salate, Feldsalat oder Winterpostelein aussäen oder Kohlrabi setzen.

## GRÜNKOHL

*Brassica oleracea var. sabellica*

Die dunkelgrünen, gekräuselten, mittelgroßen Blätter machen als einzelne Solitärpflanze pro Balkonkasten viel her und sind ernährungsphysiologisch bedeutend – Superfood. Noch majestätischer wirkt ein Palmkohl/Federkohl 'Nero di Toscana' mit langen stahlblauen bis schwarzgrünen, meist nur schwach gekräuselten Blättern und palmenartigem, Wuchs (bis 3 m).

Balkonsorten → 'Lerchenzunge' (80–100 cm), 'Halbhoher grüner Krauser' (40–60 cm), 'Red Russian Kale' mit violetten Stielen und dunkelgrünen, gezackten Blättern (50 cm), 'Scarlet' (80 cm, lilafarben bis tiefrot), Frosthärte: bis –15 °C.

Ideale Partner → Winterpostelein, Spinat, Pflücksalat bzw. offene Salattypen (denn hier kann sich weniger Feuchtigkeit als bei Kopf- oder Eissalaten fangen zur Vermeidung von Pilzinfektion).

Tiere pflanzen → Der Kreuzblütler ist wichtige frühe Nahrung für Wildbienen und Raupenfutterpflanze beispielsweise vom Kohlweißling.

## WINTERPORTULAK

*Claytonia perfoliata*

Beim zarten Grünton vom Winterportulak, auch Winterpostelein oder Gewöhnliches Tellerkraut genannt, lacht das Herz jedes Salat- und Grünen-Smoothie-Fans. Der milde Geschmack passt zu vielem. Winterportulak wird 15–20 cm hoch und ist bis zu 6-mal beerntbar. Im Frühjahr, bevor er vergeht, können die Stängel als Spaghetti genutzt werden. Winterportulak sät sich selbst aus, das führt zu gesundem Grün im Überfluss ganz ohne eigenes Zutun. Frosthärte: bis unter –20 °C. Sommer-Portulak, oder Gemüse-Portulak genannt, gehört einer anderen Pflanzenfamilie an.

Ideale Partner → Der Schwachzehrer ist Unterpflanzung von Grünkohl, Braunkohl oder Palmkohl.

Tiere pflanzen → Die kleinen weißen Blüten dieses nichtheimischen Portulakgewächses (Neophyt) sind selbstbestäubend und ziehen keine Insekten an. Zunehmend ist er mit Ausbreitungsdrang in siedlungsnahen Wäldern zu finden.

## FELDSALAT

*Valerianella locusta*

Der genügsame Feldsalat, auch Rapunzel- oder Vogerlsalat genannt, begeistert durch seine Optik und den milden, aber dennoch aromatischen Geschmack. Aufgrund des hohen Gehaltes an Vitamin C und Mineralien gilt er als sehr gesund. Er ist eine einjährige, auch wildwachsende Pflanze, die dunkelgrüne, flache bis aufrechte Rosetten aus runden bis ovalen Blättern ausbildet. Artenabhängig beträgt die Wuchshöhe bis 20 cm. Wird Feldsalat nicht geerntet, schießt er im Frühjahr in die Höhe und bildet ab April viele winzige weiße essbare Blüten aus. Frosthärte: bis –20 °C.

Balkonsorten → 'Vit', 'Verte a coeur plain', 'Verte de Cambrai'.

Ideale Partner → Der Schwachzehrer passt zu Barbarakraut (Winterkresse), Winterportulak, Asia-Salat, Kohl und Tomate.

Tiere pflanzen → Feldsalat-Arten sind in Mitteleuropa heimisch. Er gehört zur Familie der Baldriangewächse und ist Selbstbefruchter.

#machsnachhaltig

# WINTERGEMÜSE-BALKON

Gemüsebaulich geht der Winter von Anfang November bis Mitte März. Bedenke, dass im Winter die Sonne tiefer steht. Im Winter selbst erfolgt aufgrund des wenigen Lichtes kein bzw. nur ein langsames Pflanzenwachstum. Ab März beginnt dann wieder ein deutlicher Blattzuwachs. Durch weniger Licht und Frost lagern die Pflanzen Zucker ein, um sich vor den niedrigeren Temperaturen zu schützen. Die Herausforderung ist, bereits im Sommer das Wintergemüse in die großen Töpfe vom Sommergemüse zu integrieren und an das rechtzeitige Aussäen zu denken. Abhängig von Region und Standort sind bei eingebauten Balkons meinen Erfahrungen nach keine Maßnahmen erforderlich, die Töpfe einzupacken und die Mobilität der Töpfe auszunutzen, sie näher an die Hauswand zu rücken. Stehen die Pflanzen nicht unter einem schützenden Dach, sollten sie vor allem bei Regen eine Abdeckung erhalten (Frühbeetaufsatz, kreative Folientunnel). Die angegebene Frosthärte haben die Pflanzen in sich.

### Grünkohl

Bei Aussaat im Mai und Pflanzung der Setzlinge von Juni bis Anfang August sind im Herbst kräftige Exemplare gewachsen. Bei späterer Aussaat bis September können die Blätter als Baby Leaf geerntet werden. Grünkohl ist ein Dunkelkeimer bei Saattiefe 1 cm. Gebe dem Starkzehrer bei der Pflanzung (1 bis maximal 2 Pflanzen pro 90 cm langem Balkonkasten) eine Hand Kompost, Wurmhumus oder Schafwollpellets ins Pflanzloch. Zur Ernte werden einzelne Blätter bis in den Frühling hinein von unten nach oben gepflückt, so entsteht der schöne Palmeneffekt. Der bewährte Gärtnertrick funktioniert auch auf dem Balkon: Nach der gelben Blüte im Frühjahr treiben die Pflanzen erneut aus.

### Feldsalat

Der anspruchslose Feldsalat kann grundsätzlich ganzjährig im Balkonkasten angebaut werden. Ist es heiß und trocken, kann es zu Auflaufproblemen kommen. Bei Direktsaat Mitte August

*Der Ewige Kohl steht hier im ersten Winter, im Folgejahr war er schon gigantisch groß. Toll leuchten Radicchio, lila Kohlrabi, rotstieliger Mangold und Stangensellerie.*

bis Ende November oder Pflanzung gekaufter Exemplare Mitte Oktober bis Ende November ist die Ernte bis März möglich. Feldsalat ist ein Dunkelkeimer bei Saattiefe 1 cm. Pflanzabstand ca. 8 × 8 cm. Zur Ernte die äußeren Blätter schneiden, dann wächst die Pflanze weiter, oder die gesamte Rosette ernten. Wo er blühen und aussamen darf, kommt er von allein wieder und wandert über den Balkon.

### Winterportulak

Direktsaat von Anfang September bis Ende Oktober in Reihen mit 10 cm Abstand. Winterportulak ist ein Dunkelkeimer mit einer Saattiefe von ca. 1 cm. Er keimt erst bei Temperaturen unter 12 °C. Pflanzung ab Mitte September bis Mitte November mit Pflanzabstand 15 × 15 cm. Er ist bis 6-mal beerntbar. Nicht zu lange warten, nur die Blattstiele werden immer länger. Im Frühjahr können die Stängel als Gemüse-Spaghetti genutzt werden. Winterportulak ist genauso wie Feldsalat oder Rauke gut als Untersaat, beispielsweise beim Pflanzen von Paprika. Den Paprika mulchen, dieser zersetzt sich. Sobald es dann kälter wird, keimt der Winterportulak. Wenn der Paprika durch ist und nicht kühl überwintert wird, diesen knapp über dem Boden abschneiden.

### Den Winterbalkon pflegen

Auch im Winter solltest du die Pflanzen kontrolliert, aber reduziert, gießen. Vermeide Staunässe und nutze die Fingerprobe. Ist das Substrat in einer Tiefe von 2 cm trocken, dann etwas gießen. Ist eine längere Frostperiode angekündigt, gieße vorab. Ab August wird grundsätzlich nicht mehr gedüngt, auch nicht das Wintergemüse. Bilde dir zur Nitratbildung deine eigene Meinung, denn es gibt bereits Studien zu positiven gesundheitlichen Effekten.

Wintergemüse darf nur im aufgetauten Zustand geerntet werden. Ist es morgens noch gefroren, dann zur Ernte warten, bis es aufgetaut ist. Du kannst mit einem Kälteschutzvlies arbeiten, wichtiger ist der Schutz vor Regen.

# AUSDAUERNDER GEMÜSE-BALKON

Einmal pflanzen oder säen, über mehrere Jahre ernten, das ist doch was. Die sogenannten Permaveggies sind günstig für den Geldbeutel des entspannten Gärtners. Unter dieser Trendbezeichnung verbergen sich zum Teil alte Bekannte, die es lohnt, wiederzuentdecken: Baumkohl, Baumspinat/Wilder Buchweizen, Taubenkropf-Leimkraut, Fetthenne, Funkie, Glockenblumen, Guter Heinrich, Taubnessel, Dahlie, Taglilie, Hopfen und viele weitere. Wusstest du, dass sie alle essbar sind? Oftmals handelt es sich um Arten und Sorten, die schon vor langer Zeit angebaut wurden, dann aber von ertragreicheren Pflanzen abgelöst wurden. Bei vielen Arten ist alles essbar und verwendbar, kaum etwas muss weggeschmissen werden. Sie müssen im Gegensatz zu den Einjährigen nicht in einem Jahr ihre ganze Entwicklung durchmachen, blühen, fruchten und vergehen.

Hingucker → Spannenderweise sind Rauken, Gemüse-Malve und die zweite Variante vom Baumspinat mit den neu ausgetriebenen, pinkfarbenen Blättern 'Magenta Spreen' auch als Permaveggie eingestuft. Diese versamen sich ganz leicht von selbst und sichern so den Fortbestand in diesem Topf und auch noch nebenan. Wer sie hat, der hat sie. Die letztgenannten sind aufgrund ihrer Größe sehr gut für den Balkondschungel und sorgen für ein angenehmes Mikroklima.

Großartige Pflanzkombis → Probiere doch einfach mal aus! Nutze die Chance für faule Gärtner, dass sich Taubenkropf-Leimkraut, Rauke und Rundblättrige Glockenblume so wunderbar selbst versamen und sich ihren Platz suchen.

## EWIGER KOHL

*Brassica oleracea* var. *ramosa*

Wie wäre es, einen wirklich ausdauernden Blattkohl auf dem Balkon zu haben und das ganze Jahr über zarte Blätter zu ernten? Dazu immergrüne, mit je nach Sorte unterschiedlich farbigen Blättern: grün, grün-blau, panaschiert weiß-grün gestreift. Dann solltest du den Ewigen Kohl wählen, auch Baum-, Strauch- oder Staudenkohl genannt.

Balkonsorten → 'Ewiger Kohl' bis 50 cm hoch in Grün oder Weißbunt mit weißrandigem Laub. Baumkohl 'Taunton Deane' bis 200 cm hoch, aufrechter Wuchs als Baum oder ausladend in Buschform (1–1,5 m Durchmesser).

Ideale Partner → Winterheckenzwiebel als weiteres Permaveggie. Klassisch: Erdbeeren, Salat und Spinat.

Tiere pflanzen → Er ist ein Kreuzblütler, bildet aber so gut wie nie Blüten und damit auch keine Samen. Sicherlich sind seine Blätter interessant für den Kohlweißling als Raupenfutterpflanze.

## HIRSCHHORN-WEGERICH

*Plantago coronopus*

Mit etwas Fantasie erinnern seine geschlitzten Blätter an ein Hirschgeweih. Er ist nicht nur hübsch anzusehen, sondern durch seinen pikant-nussigen Geschmack eine echte Bereicherung für deine Küche. Das wiederentdeckte Kraut zählte früher zu den Kostbarkeiten im Kräutergarten. Es wurde zuerst in Italien im 16. Jahrhundert kultiviert und wird dort noch heute geschätzt. Der immergrüne Hirschhorn-Wegerich mit seiner Wuchshöhe von 5–25 cm kann ganzjährig geerntet werden und versorgt dich auch in den kälteren Monaten mit frischen Salatblättern und einer Extraportion Vitamin C. Mehrfacher Schnitt ist möglich.

Ideale Partner → Petersilie, Schnitt-Sellerie, Bunter Mangold.

Tiere pflanzen → Das Wegerichgewächs ist in Mitteleuropa heimisch, wächst wild in Meeresnähe und dürfte deshalb einen Wert für Bienen, Schmetterlinge & Co. haben. Windbestäuber.

## SCHNITTKNOBLAUCH

*Allium tuberosum*

Schnittknoblauch, auch Knolau genannt, ist eine sommergrüne Pflanze, die zum Winter einzieht. Er bildet keine Zwiebeln aus wie der herkömmliche Knoblauch, sondern bis 50 cm lange Blätter. Er wächst horstig und wird etwa 30 cm breit. Von allen *Allium*-Arten hat er die zartesten und leckersten weißen oder rosa Blüten – insektenfreundlich sind sie alle. Er findet Verwendung wie Schnittlauch, schmeckt aber nach Knoblauch. In seiner asiatischen Heimat werden Blätter, Blüten und Stängel gedünstet verzehrt.

Balkonsorten → 'Kobold' 40–60 cm, Riesen-Schnittknoblauch 'Monstrosum' 50–80 cm, robuster und langlebig ist der Chinesische Lauch (*Allium odorum*).

Ideale Partner → Schafgarbe, Großer Wiesenknopf, Erdbeere, Winterheckenzwiebel, Etagenzwiebel.

Tiere pflanzen → Das Amaryllisgewächs ist durch die späte, lange Blüte besonders wertvoll für Honig- und diverse Wildbienen.

#machsnachhaltig

# AUSDAUERNDER GEMÜSEBALKON

Permaveggies (mehrjährige Kulturpflanzen) sind pflegeleicht. Sie gedeihen auch gut an „schwierigen" Standorten, beispielsweise auf Plätzen mit mangelndem Licht. Sie sind Stammgäste in Waldgärten und gute Partner für Obstgehölze. In Gärten begleiten sie die einjährigen Beetpflanzen in Randbepflanzungen. Große Gefäße mit Wasserspeicher und torffreie Bio-Gemüse-Erde sind günstig, wachsen sie dort doch mehrere Jahre. Lasse den Jungpflanzen im ersten Jahr noch etwas Zeit sich zu etablieren und beginne erst im zweiten Jahr mit der Ernte. Gerade beim Blattgemüse macht sich eine regelmäßige Ernte bezahlt. Dadurch werden die Pflanzen zu stärkerem Wachstum und Verzweigung angeregt und produzieren laufend Blätter. Bei passendem Standort wächst dieses Gemüse beständig nach als zeitsparende Ergänzung zum einjährigen Gemüse. Saatgut und Pflanzen dieser Spezialitäten wirst du selten regional beziehen können, die Anzahl guter Biogärtnereien mit Onlineversand nimmt zu, Adressen sind im Service ab Seite 122 zu finden.

### *Ewiger Kohl*

Der Ewige Kohl bildet sehr selten Blüten, deshalb kann er nicht über Samen vermehrt werden. Beste Pflanzzeit ist April/Mai. Dabei etwas tiefer pflanzen, damit er ein stabiles und wintersicheres Wurzelsystem ausbildet. Dem Starkzehrer eine gute Portion Kompost, Wurmhumus oder Schafwollpellets ins Pflanzloch geben. Entweder als Baum mit zwei bis vier Trieben an einen Pfahl gebunden oder als Busch bzw. Strauch ziehen. Nur eine gute Nährstoffversorgung garantiert guten Zuwachs und entsprechende Erntemengen. Häufig senken sich bei guter Düngung unter der Last der Blätter dünnere Triebe zur Erde und wurzeln. Diese können an anderer Stelle wieder eingepflanzt werden. Er überwintert grün, deshalb ist ganzjähriges Beernten möglich. Zur Ernte die Kohlblätter von unten nach oben abernten. Wie bei allem ausdauernden Gemüse nicht alle Blätter auf einmal abmachen. Als Faustregel gilt, dass zur Spitze hin immer fünf bis sechs Blätter bleiben. Über den Winter sollen bis zu acht Blätter die Pflanze dau-

*Drei Wochen nach der Pflanzung ist der Schnittknoblauch gut etabliert neben Blutampfer und rotstieligem Mangold. Der Winter kann schön und lecker sein.*

erhaft bekleiden, bis dann im Frühling die neue Wachstumsperiode beginnt. Die jungen Blätter sind so zart, dass sie als Salatzutat dienen können, ältere sind gedünstet ein schmackhaftes Gemüse, zu verwenden wie „normaler" Kohl. Der unkomplizierte Ewige Kohl wächst auch gut im Halbschatten.

## Hirschhorn-Wegerich

Eine Direktsaat des sehr feinen Saatgutes zwischen März und Anfang September ist möglich. Hirschhorn-Wegerich ist ein Dunkelkeimer, Saattiefe: 1–2 cm. Langsame Anfangsentwicklung, später wüchsig und robust mit hohen Erträgen. Pflanzung für die Winterernte bis Ende September empfohlen. In einen Balkonkasten von 90 cm passen drei Pflanzen. Wird er zu feucht gehalten oder der Winter ist zu feucht, beginnt er zu faulen. Überlebt der Mittelspross, treibt er immer wieder aus. Bestens funktionieren die natürliche Versamung und damit die langfristige mehrjährige Kultur. Mehrfacher Schnitt ist möglich oder die Blätter werden einzeln geerntet. Das „Herz" der Pflanzen, das heißt die jungen Blätter, die aus der Mitte nachtreiben, darf dabei nicht verletzt werden. Er ist sehr frosthart. Als Ergänzung von Baby-Leaf-Mischungen gut geeignet. Ältere Blätter können auch gedünstet oder gebraten verwendet werden.

## Schnittknoblauch

In Voranzucht Ende März bis April horstweise in Töpfen aussäen. Schnittknoblauch ist ein Dunkelkeimer, Saattiefe: 2 cm. Auspflanzung im Mai mit Abstand 25 × 25 cm. Gut mit Wurmhumus vordüngen. Die Ernte ist bereits nach drei bis vier Monaten möglich. Zupfe dazu Einzelblätter oder schneide büschelweise 3 cm über dem Boden ab. Eine Vermehrung ist möglich durch Teilen des Stockes oder als Verjüngung, wenn die Vitalität nachlässt. Am passenden Standort wächst Schnittknoblauch dominant und blüht von Juni bis Oktober. Im Winter kann er wie Schnittlauch in die Wohnung an einen sehr hellen Platz auf der Fensterbank gestellt werden und bleibt so immergrün.

# ESSBARER WILDPFLANZEN-BALKON

Steige ein in die Welt der essbaren Wildpflanzen, die voller Vitamine, Mineralien und Bitterstoffe stecken, die heutzutage in handelsüblichem Gemüse gering vorhanden sind oder fehlen. Sie sind eine ursprüngliche, qualitativ wertvolle Alternative zu Eisberg-, Kopf- und Romanasalat mit wesentlich mehr gesunden Inhaltsstoffen. Dazu sind sie äußerst robust, weil sie ohne Pflege draußen in der Natur wachsen. Mit essbaren Wildpflanzen kann sich jeder ganzjährig ernähren. Sie ermöglichen Gesundheitsfürsorge, indem sie durch tägliche Verwendung unsere Vitalstoffspeicher füllen und eine ständige Reinigung ermöglichen. Leider sind das Wissen und die Erfahrungen dazu im Zuge der Industrialisierung verloren gegangen. Früher war es selbstverständlich und wurde von Generation zu Generation weitergegeben. Hier stelle ich die drei besten mehrjährigen, winterharten Wildpflanzen vor, die uns Gesundheit bringen und einen hohen Wert für die heimische Tierwelt haben. Heimisches Superfood für uns und die Tiere.

Hingucker → Über den Eigenanbau, die ganzjährige Beobachtung, können wir das verlorene Wissen wieder erlangen, um sie später in der Natur zweifelsfrei zu erkennen. So können Unsicherheiten bezüglich Verwechslungsgefahren abgelegt und die Pflanzen fern von Hundepipistrecken geerntet werden.

Großartige Pflanzkombis → Diese ergeben sich meist von ganz allein, weil Samen durch den Wind oder Vögel herangetragen werden. Heimische Wildpflanzen eignen sich als dauerhafte robuste Unterpflanzung für Bäume, Gehölze und Beerenobst.

## GROSSE BRENNNESSEL

*Urtica dioica*

Kennen tun wir sie alle, aber oft können wir erst wirklich schätzen, was uns umgibt, wenn wir dafür überhaupt Bewusstheit haben. Ich möchte dich anstecken, noch öfter hinzusehen, hinzuhören, hinzuriechen. Die 30–150 cm hohe Brennnessel mit Spitzenwerten an Eiweiß, Eisen und Chlorophyll enthält 30-mal so viel Vitamin C und 50-mal so viel Eisen wie Kopfsalat. Aus den jungen zarten Blättern lässt sich Spinat, Suppe, Pesto, Salat und Tee zaubern. Die Brennnessel ist ein hervorragender Biodünger (Jauche, gemixt als Smoothie) und nützt gegen Blattläuse. Unsere Urgroßeltern wussten das noch.

Ideale Partner → Obstbäume ab deren 2. Standjahr.

Tiere pflanzen → Das Brennnesselgewächs ist für 36 Schmetterlingsarten essenziell, sei es als Nektarpflanze oder noch viel häufiger als Raupenfutter. Ebenfalls an Blatt und Blüte interessiert sind Käfer, Fliegen, Wanzen und Ohrwürmer.

## GEWÖHNLICHER LÖWENZAHN

*Taraxacum sect. Ruderalia*

Diese unverwüstliche und kraftvolle Allerweltspflanze ist eine altbewährte Heilpflanze. So regen die enthaltenen Bitterstoffe Leber und Galle an. Im Zusammenspiel mit dem hohen Vitamingehalt, besonders C und D, haben sich Kuren mit Löwenzahntee, -salat oder -stängeln zur Entgiftung und Vitalisierung bewährt. Der weiße Milchsaft ist keinesfalls giftig, wie oft angenommen wird.

Ideale Partner → Wiesen-Flockenblume, Fettwiesen-Margerite.

Tiere pflanzen → Seine Blüten sind im April frühe Nahrung für gerade erwachende Hummeln, Wildbienen und Honigbienen. Im Gegensatz zu den meisten anderen Pflanzen ist großzügig Pollen und Nektar vorhanden, nicht nur das eine oder das andere. Der Korbblütler ist Insektenpflanze für 70 Wildbienenarten. Er ist Schmetterlingsweide für 67 Arten. Eine späte Blüte und Pollenquelle bietet alternativ der Herbst-Löwenzahn.

## GIERSCH

*Aegopodium podagraria*

Den meisten ist Giersch als lästiges Beikraut bekannt, das sich durch seine unterirdischen Triebe schnell ausbreitet. Der normale Giersch, 30–80 cm hoch, ist wüchsiger und frosthärter als weißpanaschierter Giersch 'Variegata' mit einer Höhe von 25–40 cm, der ein toller Bodendecker für Halbschatten oder Schatten ist. Beide sind essbar, zu verwenden wie Spinat, reicher an Vitaminen und Mineralien, außerdem frosthart und robust.

Ideale Partner → Minzen, Wald-Ziest. Weißbunter Giersch: Wald-Witwenblume, Klebriger Salbei, Beinwell. Ideale Unterpflanzung von Beerenobst mit Gundermann oder Taubnesseln.

Tiere pflanzen → Wie die meisten Doldenblütler ist Giersch ein beliebter Treffpunkt für eine Vielzahl von Insekten. Im Sommer wimmelt es auf den Blüten nur so von Bienen, Schwebfliegen, Schmetterlingen, Käfern und Wanzen.

#machsnachhaltig

# ESSBARER WILDPFLANZENBALKON

Die auf Seite 76–77 genannten Superfood-Wildpflanzen wachsen in der Natur gern an nährstoffreichen Standorten sonnig bis halbschattig. Die Brennnessel ist sogar ein Stickstoffanzeiger. Sie sollten im Kübel nährstoffreich stehen und gut gedüngt werden, denn wir wollen ernten. Die drei vorgestellten essbaren Superfood-Pflanzen sind sehr insektenfreundliche Pflanzen, die in der Natur aber eben nicht auf trockenem, nährstoffarmem, kargem Boden wachsen, wie die meisten der am schönsten blühenden Wildblumen beispielsweise von Seite 96. Dieser Unterschied ist sehr wichtig für die zu wählende Erde (nährstoffreich), Düngung (reichlich) und das Gießen (reichlich).

Alle drei Pflanzen sind äußerst wüchsig und füllen größere Pflanzgefäße aus. Der Löwenzahn mit seiner bis zu 1 m langen Pfahlwurzel ist gut mit einem tieferen Topf bedient. In der Natur wächst er nicht nur auf Fettwiesen, dieses Bild werden alle vor Augen haben, sondern auch ganz karg in Mauerritzen. Wir wollen viele Blätter ernten, also schaffe ihm eine Fettwiese. Getestet wachsen diese Pflanzen im Balkonkasten mit Wasserspeicher für eine gute Bewässerung, tiefe Töpfe sind noch besser. Für reichen Ertrag sind größere Kübel ideal, damit die Rhizome, das Wurzelwerk, Platz haben. Die Vermehrung erfolgt mit Samen oder durch Ausgraben und Versetzen von Ablegern aus bereits vorhandenen Beständen bei Gartenbesitzern oder auf Spaziergängen am Wegrand. Nimm Erde vom Originalstandort mit, dann haben es die Pflanzen im bekannten Bodenleben einfacher. Wie immer gut angießen. Die Anbieter im Service halten kräftige Biopflanzen zum Kauf bereit.

### *Brennnessel*

Der Topf für eine Brennnessel sollte mindestens 10 l fassen. Die Aussaat erfolgt von März bis April in Töpfchen im Freien. Nicht mit Erde bedecken, es sind Lichtkeimer. Möglich sind Kopfstecklinge im Sommer. Damit sie nicht brennen, packe die Blätter immer fest an und zwar vom

Blattgrund in Richtung Blattspitze oder nutze Handschuhe. Ab und zu organisch mit Kompost oder Wurmhumus düngen. Regelmäßiger Schnitt fördert den Neuaustrieb, die Pflanze kann mehrfach beerntet werden. Warte mit der Ernte nicht, bis sie zu groß ist. Alle vier Jahre sollte die Pflanze geteilt und verpflanzt werden.

## Löwenzahn

Löwenzahn aussäen ist ganz einfach. Eine Pusteblume nehmen und die kleinen Fallschirmchen locker in die Erde geben, sie keimen nach wenigen Tagen. Optimal ist die Aussaat von Mai bis September im Freien bei einer Saattiefe von 0,5 cm. Er kann vereinzelt werden auf 15–20 cm Abstand. Im ersten Jahr bildet er eine bodenständige Rosette, im zweiten Jahr blüht er. Wenn er eingeht, kommt seine Pfahlwurzel mit dem Standort nicht zurecht. Wird er mehrmals geschnitten, treibt er immer aufs Neue aus. Am besten immer die äußeren Blätter wegernten.

## Giersch

Giersch gedeiht am besten im lichten Schatten bis Halbschatten. Die Aussaat sollte zwischen April und Oktober direkt im Freiland erfolgen. Da es sich um einen Lichtkeimer handelt, drücke die Samen nur leicht an. Einfacher ist, sich mehrere Wurzelstücke aus einem großen Bestand auszugraben und in einen großen Kübel mit 20–30 cm Durchmesser oder einen tiefen Kasten zu pflanzen. Gut feucht halten. Die Wurzeln vom Giersch wollen wandern. Verpflanze daher junge Wurzeltriebe alle ein bis zwei Jahre in einen Topf mit frischer Erde. Wer Probleme hat, Petersilie im Topf zu ziehen, für den ist Giersch im großen Topf eine Alternative. Ernte immer wieder die jungen Triebe, wenn sie gelbgrün und glänzend sind, diese sind am schmackhaftesten. Ältere Blätter sind eine gute Spinatvariante zum Kochen. Schneide den Giersch nach der Blüte komplett zurück, er treibt dann frisch und vital wieder nach.

*Ernte am 5. April, morgens um 8 Uhr: Brennnessel, Grünkohl, Vogelmiere und Gewöhnlicher Beifuß. Daraus kannst du einen leckeren grünen Smoothie als Start in den Tag zaubern.*

# KRÄUTERBALKON

Als Küchenkräuter oder kurz Kräuter werden Pflanzen bezeichnet, deren Blätter und Blüten als Gewürze Verwendung finden. Dabei muss es sich nicht um krautige Pflanzen im botanischen Sinne handeln. Wähle nach den Standortbedingungen deines Balkons (Licht, Wind, wie viel willst du gießen) aus. Schaue weniger nach dem Angebot im Baumarkt und Gartencenter, sondern was dich am meisten bereichert und welche Tiere du fördern möchtest. Möglichkeiten sind die Auswahl nach Farbe, Geruch, Geschmack, Heilwirkung, Chlorophyllgehalt oder Insektenfreundlichkeit. Immer hast du den Vorteil, stets frische Zutaten in hervorragender Qualität zu ernten.

Hingucker → Je mehr verschiedene Kräuter du pflanzt, umso mehr verschiedene Optiken, Geschmäcker und Insekten holst du dir auf deinen Balkon. Die am häufigsten vertretene Pflanzenfamilie unter den Gewürzpflanzen sind Lippenblütler wie Basilikum, Thymian, Majoran, Rosmarin, Bohnenkraut, Salbei, Lavendel, Minze oder Zitronenmelisse. Zur Auswahl gibt es jeweils noch verschiedene Sorten mit verschiedenen Wuchshöhen, Blütenfarben oder Düften. Doldenblütler sind eine andere für Insekten wichtige Familie: Dill, Petersilie, Selleriekraut, Liebstöckel, Kerbel und Koriander. Eine weitere insektenfreundliche Familie mit tollen Blüten und Geschmäckern sind Lauchgewächse: Dazu zählen Schnittlauch und Bärlauch.

Großartige Pflanzkombis → Perfekt zu Beerensträuchern: Gartenkresse, Rainfarn, Rainfarn-Phazelie, Ringelblume, Knoblauchsrauke, Kleine Kapuzinerkresse, Wicke, Senf, Bohnenkraut. Zu allen Arten von Kohl passen Basilikum, Dill, Eberraute, Ringelblume, Salbei, kleine Tagetes und Koriander.

## RUCOLA/WILDE RAUKE

*Diplotaxis tenuifolia*

Die mehrjährige gelbblühende intensiv schmeckende Wilde Rauke (*Diplotaxis tenuifolia*) mit ihren gesägten, schwertartigen Blättern wird bis 50 m hoch. Essbar sind Blätter, Blütenknospen, Blüten, junge Schoten und Samen. Sie verwildert leicht, ist frosthart (–20 °C) und vermehrt sich durch Selbstaussaat. Außerhalb der Gärten ist sie als Schmalblättriger Doppelsame bekannt.

Balkonsorten → *Rucola selvatica*, 'Dragons Tongue'. Ähnlich zu pflegende weniger frostharte Arten sind die einjährige weißblühende, mild schmeckende Salatrauke (*Eruca sativa*) mit den Sorten 'Ruca' und 'Erdnuss-Rucola' sowie Wasabi-Rauke (*Diplotaxis erucoides*).

Ideale Partner → Der Schwachzehrer passt zu Salat, Basilikum, Zwiebeln und Winterheckenzwiebel.

Tiere pflanzen → Der Kreuzblütler wird von zahlreichen Insekten besucht und ist Raupenfutterpflanze für den Kleinen Kohlweißling.

## BASILIKUM

*Ocimum ssp.*

Man kann die aromatischen Blätter und Blüten den ganzen Sommer über frisch ernten. Der Nutzwert des Dauerblühers von Juli bis in den Herbst hinein ist für die Insekten hoch. Im Unterschied zu vielen mediterranen Kräutern bevorzugt Basilikum nährstoffreiche, feuchte Erde. Immer die Triebspitzen ernten, nicht nur einzelne Blätter. Häufige Ernte regt zur Bildung immer neuer Triebe und Blätter an und fördert den buschigen Aufbau.

Balkonsorten → Supermarkt-Basil 'Genoveser', 'Rosso' 30 cm, 'Heiliges Basil Tulsi' 30 cm mit rosa Blüte, 'Griechisches Busch-Basilikum' 30 cm, 'Purpur-Basilikum' bis 50 cm, probiere unbedingt das Strauch-Basilikum 'African Blue' bis 100 cm.

Ideale Partner → Tomate, Bohnenkraut, Kerbel, Oregano, Petersilie und Purpur-Schnittlauch.

Tiere pflanzen → Der Lippenblütler ist ein wahrer Magnet für Bienen, Schmetterlinge und viele andere Insekten.

## YSOP

*Hyssopus officinalis*

Dieser in Mitteleuropa eingebürgerte winterharte und wintergrüne Halbstrauch ist als Heil-, Küchen- und Bienenpflanze bekannt. In alten Bauerngärten war er häufig zu finden. Ysop, auch Bienenkraut genannt, braucht durchlässige, magere und warme Standorte und kommt gut mit Trockenheit zurecht. Er sollte im Frühjahr gut zurückgeschnitten werden, dann wird er kompakter, buschiger.

Balkonsorten → Je nach Art blüht er von Juli bis Oktober in Violett, Rosa 'Roseus' oder Weiß 'Albus', jeweils 40–60 cm hoch. Zwerg-Ysop oder Felsen-Ysop mit tiefblauen Blüten wird 20–30 cm hoch.

Ideale Partner → Gewöhnlicher Dost, Lavendel, Salbei, Rosmarin, Berg-Lauch 'Millenium', Berg-Bohnenkraut und Pfirsichblättrige Glockenblume.

Tiere pflanzen → Dieser Lippenblütler blüht üppig. Hummeln, Schmetterlinge und Bienen lieben ihn. Das ist ein Gewusel und Gesurre! Die Gammaeule nutzt ihn als Raupenfutter.

#machsnachhaltig

# KRÄUTERBALKON

Verzichte bei Kräutern wie Basilikum, Schnittlauch, Petersilie und Dill auf Supermarktware aus der Gemüseabteilung. Diese sind nicht zum Auspflanzen gedacht, sondern zum sofortigen Verzehr. Mag sein, dass du sie zweifach beernten kannst, aber oftmals schwächeln sie. Das liegt nicht an dir, sondern es ist günstig produzierte Gewächshausware. Diese Kräuter sind nicht für deinen Balkon produziert worden, sondern lediglich für den einmaligen Gebrauch. Setze auf echte Pflanzenqualität von regionalen Gärtnereien oder dem Wochenmarkt. Du wirst merken, diese Kräuter sind wesentlich gesünder und robuster.

## *Beachte die Bedürfnisse der Kräuter*

Es sollte nur zusammen gepflanzt werden, was auch von den Ansprüchen an Nährstoffen, Wasser und Licht zusammenpasst. Damit mediterrane Kräuter wie Rosmarin, Thymian, Lavendel, Salbei, Currykraut und Oregano ihr intensives Aroma entwickeln können und möglichst viele ihrer ätherischen Öle bilden, ist für sie wie am Naturstandort ein Platz an der vollen Sonne essenziell. Die mediterranen Kräuter benötigen eine nährstoffarme Kräuter- oder Aussaaterde und wollen wenig gegossen werden, sie brauchen es trocken. Nur dann wachsen sie wirklich gut und bleiben langfristig gesund. Die Küchenkräuter Basilikum, Schnittlauch, Petersilie, Pfefferminze, Zitronenmelisse und Koriander kommen auch mit einem halbschattigen Platz zurecht. Diese Kräuter brauchen mehr Wasser und ein nährstoffreicheres Substrat, eine torffreie Universalerde. Komplett im Schatten fühlen sich diese Kräuter nicht wohl, Waldmeister und Bärlauch hingegen schon, wobei letzterer nach der Blüte einzieht. Kombiniere also mediterrane Kräuter zusammen in einem Pflanzgefäß, die Küchenkräuter in einem anderen. Platziere sie vor dem Einpflanzen um zu sehen, welche Kombination hübsch aussieht und ob der Platz gut genutzt wird. Pflanze Minzen

Kräuter mit nährstoffarmen Standortansprüchen reicht der Platz in kleinen Töpfen, oder auch im Hochbeet. Minzen und Melisse brauchen mehr Platz.

in einen extra Topf. Sie bilden ein extrem starkes Wurzelwerk und beanspruchen früher oder später das komplette Pflanzgefäß für sich. Sie verdrängen andere Pflanzen. Zitronenmelisse und Zitronenverbene wuchern in die Höhe und Breite. Pflanze sie ebenfalls besser einzeln und dünge kräftiger.

## Ab in die Töpfe

Es ist ein Fehler, die gekauften Kräuter lange in ihrem Plastiktopf stehen zu lassen, es benötigt mehr Pflegeaufwand. Darin ist zu wenig Platz für das Wachstum der Wurzeln, sie können sich nicht weiterentwickeln. Sie benötigen mehr Substrat, Nährstoffe und Wurzelraum. Das Substrat ist nicht nur Nährstoffquelle, sondern auch ein Wasserspeicher. Gekaufte Töpfe mit Basilikum, Petersilie und Rauke kannst du gut mit einem scharfen Messer oder per Hand in vier Stücke teilen und auf deinem Balkonkasten verteilen. So besteht die Chance, dass sie einwachsen und sich gut entwickeln.

## Richtig ernten und schneiden

Damit sich deine Kräuter zu einem üppigen, duftenden Kräutergarten entwickeln, ist regelmäßiges Beernten – am besten an einem sonnigen Vormittag – wichtig, also schneiden, schneiden, schneiden. Das mag dir widersprüchlich vorkommen und vielleicht sogar schwerfallen, doch Kräuter wachsen nur zu großen, prächtigen Pflanzen heran, wenn sie durch Beernten zu neuem Wachstum angeregt werden. So verzweigen sie sich, wachsen stärker und gesünder. Lasse immer einen Teil für die Insekten blühen. Du wirst bemerken, wie beliebt gerade Kräuterblüten sind, vor allem die der Lippenblütler. Nach der Blüte ist ein Rückschnitt nötig. Warte damit nicht zu lange. Je früher du das Verblühte zurückschneidest, desto größer ist deine Chance auf eine zweite Blüte. Es sieht dann zwar erstmal etwas karg aus, doch schon nach wenigen Wochen wuchert es wieder. Der richtige Zeitpunkt für einen Verjüngungsschnitt ist das Frühjahr, damit sie kompakt, dicht und gesund nachwachsen.

# HEILPFLANZENBALKON

Grün hat einen herausragenden Wert für unsere Gesundheit. Die Farbe an sich und deren Terpene. Dazu der Pflanzenfarbstoff Chlorophyll, das Blattgrün, und all die Nährstoffvielfalt der Pflanzen. Ob Salate, Wildkräuter, Gurken, Küchenkräuter, Blätter vom Spinat .... Ob zum Entsäuern und Entgiften, für die Regeneration und Selbstheilung, den Muskelaufbau oder die innere emotionale Gelassenheit – das Wunderelixier Chlorophyll unterstützt uns dabei. Besonders die dunkelgrünen Blätter und Kräuter enthalten eine Fülle an Nährstoffen und Mineralien, die unser Körper braucht und unser Immunsystem stärken. Mir am liebsten sind die robusten essbaren Wildpflanzen, aber ich schätze die große Vielfalt an wunderbaren grünen essbaren Pflanzen zur Selbstfürsorge. Es gibt viele Varianten, wie man eine Heilpflanze zu sich nehmen kann. Wir ernten das kostbare Blattgrün in hervorragender Qualität frisch, roh und unverarbeitet vom Balkon. Wir können es direkt essen oder Tee trinken, andere nehmen Nahrungsergänzungsmittel in Tablettenform zu sich.

Hingucker → Die Farbe Grün beruhigt und entspannt. Sie wirkt nachweislich positiv auf unser seelisches Wohlbefinden und unsere Stimmung. Stress wird abgebaut, die Kreativität angeregt.

Großartige Pflanzkombis → Abgesehen von der Wertigkeit des Chlorophylls sind viele Pflanzen als Heilpflanzen bewährt. Pflanze dir deinen persönlichen Apothekerbalkon mit deinen Heilpflanzen, die dir als schnelle Unterstützung vom Balkon bei kleinen Problemen helfen. Pflanze zusammen, was zusammen hilft.

## ECHTER SALBEI

*Salvia officinalis*

Die uralte Heilpflanze ist ein frostharter, immergrüner Halbstrauch (bis 80 cm) für den sonnigen, trockenen Standort. Sie wirkt antibakteriell, antiviral, fungizid und entzündungshemmend. Regelmäßiger Schnitt im Frühjahr fördert buschiges Wachstum und Blüte.

Ideale Partner → Als Trio gegen Halsweh mit Thymian und Wilder Malve.

Tiere pflanzen → Der Lippenblütler bildet viel Nektar und ist bei Wild- und Honigbienen extrem beliebt. Aber auch Schmetterlinge und Schwebfliegen umschwirren die violetten Blütenstände. Blattläuse und andere Schadinsekten machen aufgrund der ätherischen Öle einen großen Bogen darum. Diese anderen insektenfreundlichen Arten lohnen ebenso: Wiesen-Salbei, Spanischer Salbei und Steppen-Salbei. Muskateller-Salbei (zweijährig, bis 100 cm) zieht die Schwarze Holzbiene an, die größte heimische Wildbiene. Die nicht heimischen Frucht-Salvien wie Ananas-Salbei und Pfirsich-Salbei solltest du hell und frostfrei überwintern.

## EINJÄHRIGER BEIFUSS

*Artemisia annua*

*Artemisia annua* wird seit über zweitausend Jahren in der traditionellen chinesischen Medizin verwendet. Er erlangte gerade in den letzten Jahren große Beliebtheit als Heilpflanze. Als anerkanntes Heilmittel wirkt *Artemisia annua* gegen Malaria und hat eine erwiesene Wirkung gegen Viren. Beifuß soll antibakteriell, antiviral und antifungal wirken und bei Wurmbefall und Parasiten nützlich sein. Im großen Pflanzgefäß und guter Düngung wird er am sonnigen Platz bis 2 m hoch. Bei eigenem Anbau kannst du deinen eigenen Tee frisch oder getrocknet aus der Pflanze herstellen oder täglich ein bis zwei Blattstielchen auf dem täglichen Balkonrundgang essen. So hast du alle Inhaltsstoffe für deinen Körper verfügbar, um dein Immunsystem zu stärken.

Ideale Partner → Riesen-Schnittknoblauch, Kardy.
Tiere pflanzen → Das Korbblütengewächs blüht im August. Noch ist kein Wert für Tiere bekannt.

## JIAOGULAN

*Gynostemma pantaphyllum*

Der vielversprechende Name „Kraut der Unsterblichkeit" beruht auf der blutdrucksenkenden, blutreinigenden und entgiftenden Wirkung dieser üppig wachsenden Kletterpflanze. Das Anti-Aging-Kraut gilt als vitalisierend, verjüngend und positiv fürs Gedächtnis. Es wurde in einer chinesischen Provinz mit der überdurchschnittlichen Anzahl von über 100-Jährigen in Zusammenhang gebracht, was später bewiesen wurde. Die äußerst dekorative Kletterpflanze ist in der Pflege anspruchslos. Sie kann an einer Rankhilfe emporklettern oder in einer Hängeampel problemlos kultiviert werden. Die Frosthärte beträgt –15 °C, im Winter sterben die Blätter ab, im Frühjahr treibt sie zuverlässig wieder aus.

Ideale Partner → Anti-Aging-Partner: Brahmi, Gotu Kala, Apfelbeere.
Tiere pflanzen → Das nichtheimische Kürbisgewächs blüht selten. Noch ist kein Wert für Tiere bekannt.

#machsnachhaltig

# HEILPFLANZEN-BALKON

Frisch geerntet, roh und unverarbeitet enthalten die Heilpflanzen den höchsten Anteil an Wirkstoffen. Es ist eine schöne Angewohnheit und Vorteil für uns Balkonier, beim Pausieren auf dem Balkon ganz einfach ein schönes Blatt auszuwählen. Den Duft aufnehmen und es genüsslich essen. Ich praktiziere es so, dass ich mir im Vorbeigehen auf der täglichen Inspektionsrunde zwei Blattstielchen von *Artemisia annua* in den Mund stecke, sie ausgiebig kaue und genieße. Genauso gern nasche ich ein Blatt vom Gundermann, der voller ätherischer Öle steckt und beim Entgiften hilft. Auch vom Jiaogulan greife ich mir beim Vorbeigehen zwei Blätter. Dies regelmäßig praktiziert, die Blätter auf Salat gelegt oder als grüner Smoothie zubereitet, bringt unserer Gesundheit einen Schub. Ich kenne Balkonier, deren größte Freude es ist, morgens auf den Balkon zu treten, die Pflanzen zu begrüßen und aus der Fülle ihrer Heilpflanzen sich die frischen Triebe für den Morgentee auszuwählen. Diesen frisch gebrühten Tee am Balkontisch zu genießen, ist die allerbeste Tageseröffnung. Für mich sind es die grünen Smoothies, die ich mir täglich aus meinen Pflanzen bereite.

### *Pflanzidee: Tee-Trio gegen Halsweh, Husten und Heiserkeit*

Leichte Beschwerden lassen sich mit dem entzündungshemmenden Salbei, dem schleim- und krampflösenden Thymian und der schleimlösenden Wilden Malve gut behandeln. Dieses Trio gedeiht gut in einem 90 cm langen Balkonkasten mit durchlässigem Substrat. Sie brauchen viel Licht und Wärme, um ihre wertvollen Inhaltsstoffe entfalten zu können. Einzig Staunässe gilt es zu vermeiden. Bedenke bei der Pflanzung, die zwei- bis mehrhährige Wilde Malve kann bis 1 m hoch werden. Ihre vielen rosa, dunkel geaderten Blüten zeigt sie von Juni bis Oktober. Blätter, Blüten und junge Früchte (sehen wie kleine Käselaibe aus) sind essbar und als Tee, Salat, Kräuter oder Gemüse nutzbar. Früher galt die Malve als Allheilmittel.

Es ist eine feine Sache, sich Thymian, Salbei und Pfefferminze für einen Tee oder als Verfeinerung vom Essen einfach zu pflücken.

### Anti-Aging: Jiaogulan, Brahmi und Gotu Kola

Jiaogulan passt gut in einen Hängetopf à 5 l, kann alternativ aber auch als Rankpflanze eingesetzt werden, z. B. an einem Geländer. Bis zu 2 m hoch kann er klettern. In humusreicher Erde wächst er schnell und du kannst schon nach wenigen Wochen Blätter ernten für Tee, Salat oder andere spinatähnliche Verwendungen. Im Herbst zieht er ein und treibt aus Rhizomen im nächsten Frühjahr wieder aus. Bei einer kühlen Überwinterung im Haus wächst das Kraut weiter und kann somit auch in der Winterzeit beerntet werden. Brahmi und Gotu Kola bilden kriechende Ausläufer und passen zusammen in ein flaches Gefäß, wo die Erde feucht gehalten wird. Im Winter hältst du sie hell in der Wohnung. Gefällt es Gotu Kola, wächst er meterlang herunter. Weitere Jungbrunnen-Pflanzen mit einem hohen Anteil an Antioxidantien sind Aroniabeere (siehe Seite 93) und Gojibeere 'Turgidus'.

### Einjähriger Beifuß

Vorkultur im April/Mai oder Direktaussaat Mai/Juni. *Artemisia annua* ist ein Lichtkeimer! Die Saat nur andrücken, nicht mit Erde bedecken. Die Auspflanzung erfolgt nach den Eisheiligen in nahrhafte Erde in ein großes Pflanzgefäß (10 l). Ist der Topf klein, wird wenig gedüngt, und bekommt er nur wenig Licht, erreicht die Pflanze nicht ihre mögliche stattliche Größe von 2 m. Du kannst also die Menge des Tees über Topfgröße und Substrat steuern. Die Blätter des Einjährigen Beifußes werden für Tee gesammelt oder geerntet, bevor die Pflanze blüht. Dann ist der Anteil des Wirkstoffes Artemisin am höchsten. Du kannst aber auch einfach die Blätter essen. Täglich 1–2 Blattstielchen im Vorbeigehen. Für die Samenreifung Stängel stehenlassen, bis diese braun sind, das kann erst Oktober/November sein. Du kannst auch die äußerst feinen Samen eines Stängels sich selbst versamen lassen und hast im kommenden Frühjahr überall kleine Sämlinge zum Verpflanzen.

# BLÜHBALKON

Gängige Praxis eines Blühbalkons sind wechselnde Pflanzen einfach und schnell gekauft im Blumenladen um die Ecke oder im Baumarkt oder Gartencenter. Problematisch daran ist die erfahrungsgemäß kurze Schönheitsdauer mit möglichen Pestizidbelastungen dieser Pflanzen. Klassiker sind Geranien und Petunien, die den Insekten nicht nützen. Erlebe die mögliche Vielfalt mit Blüten von Ende Februar bis in den Herbst – so früh und so lange wie möglich. Verwende Frühblüher, Sommerblüher und Spätblüher. Die Auswahl an Sommerblühern ist groß. Vor- und Nachsaison farbenfroh und prächtig abzudecken, dazu noch insektenfreundlich, geht genauso. Die Freude beginnt bereits Ende Februar mit früh blühenden Zwiebelpflanzen wie Gelber Winterling, Krokus und Traubenhyazinthe. Nutze frühblühende Gehölze wie Weiden, Kornelkirsche und Felsenbirne (siehe Seite 93). Spätblüher für sonnige Standorte sind, neben der heimischen Moschusmalve, Bergminze und Hohe Fetthenne, die nordamerikanischen Präriepflanzen. Entdecke wunderbare Duftnesseln, Sonnenhüte und Sonnenbräute, die spät im Sommer und dazu lange und besonders üppig blühen. Die nordamerikanischen Präriepflanzen sind es aufgrund ihrer Herkunft von jeher gewohnt, Wetterextremen zu trotzen. Sie sind pflegearm und sehr lang blühende Insektenmagnete. Im Spätsommer ergänzen einfache Dahlien mit offener Blütenmitte, Winter-Bohnenkraut, Herbst-Astern sowie Zwiebelpflanzen wie Berglauch, Schnittknoblauch und Chinesischer Lauch die Blütenpracht.

Großartige Pflanzkombis → Heimisch trifft nordamerikanische Prärie.

## SONNENBLUME

*Helianthus annuus*

Die einjährigen Sonnenblumen sind schnell wachsend und sortenabhängig einstielig oder verzweigt ('La Torre' 2 m). Sie blühen gelb ('Hella' 100 cm, 'Sunspot' 40–50 cm), rotbraun ('Velvet Queen' 170 cm) von Juni bis September. Die Blütenblätter sind essbar. Sonnenblumen sind ein guter Wind- und Sichtschutz , hochwachsende Sorten sogar Rankhilfe und bringen Schatten.

Ideale Partner → Kapuzinerkresse, ungefüllte Dahlie, Studentenblume, Löwenmäulchen, Duftnessel, Kürbis.

Tiere pflanzen → Der Korbblütler wird vorrangig von Hummeln angeflogen. Daneben nutzen auch Bienen, Wespen, Fliegen, Wollschweber und Schwebfliegen das hohe Pollen- und Nektarangebot. An den reifenden Samen fressen Stieglitze, Sperlinge und Grünfinken. Im Winter die Stängel stehenlassen, da eventuell noch Samen in den Köpfen vorhanden sind oder Insekten dort Unterschlupf finden. Die Vögel werden die Sonnenblumen weiterhin als Zwischenstation zu den Futterstellen nutzen.

## DUFTNESSEL

*Agastache foeniculum*

Diese alte Heilpflanze der nordamerikanischen Indianer mit essbaren blau-violetten Blüten gehört aufgrund der langen Blütezeit von Juni bis Oktober auf mehr Balkons. Die bis 80 cm hohe standfeste Präriestaude mit aufrechten aromatisch duftenden Blütenkerzen braucht einen sonnigen Standort und vermehrt sich häufig durch Selbstaussaat. Die köstliche Teepflanze ist winterhart und sieht auch im Winter noch gut aus. Eine ähnliche Optik zeigt die ebenfalls beliebte insektenfreundliche Heil- und Gewürzpflanze Koreaminze aus Ostasien (*Agastache rugosa*), die wie Minze riecht, aber nicht so wuchert.

Ideale Partner → Blut-Storchschnabel, Schafgarbe, Weißer Ysop, Gelber Sonnenhut und Mädchenauge.

Tiere pflanzen → Nicht nur Bienen werden geradezu magnetisch von diesem schmucken Lippenblütler angelockt, sondern auch Schmetterlinge, Nachtfalter, Hummeln und die Blauschwarze Holzbiene.

## LAVENDEL

*Lavandula angustifolia*

Echter Lavendel ist die winterhärteste Lavendelart. Der immergrüne Halbstrauch duftet herrlich und erfreut mit intensiver Farbe. Lavendel braucht es sonnig und trocken. Staunässe bekommt ihm nicht. Es gibt nicht nur klassischen, dunkelvioletten Lavendel, sondern auch welche in diversen Blautönen, in Rosa oder in Weiß. Es gibt Lavendel-Minis, die nur etwa 40 cm groß werden, als auch richtige Riesen mit einer Höhe von über 120 cm. Schön ist dieses Quartett von Lavendelzwergen (bis 40 cm) mit verschiedenen Blütenfarben: 'Peter Pan' dunkel-blauviolett, 'Blue Cushion' hellviolett, 'Little Lottie' zartrosa und 'Nana Alba' weiß.

Ideale Partner → Zwerg-Woll-Ziest 'Silky Fleece', Tauben-Skabiose, Polster-Thymian, Netzblatt-Iris und Kugellauch.

Tiere pflanzen → Der Lippenblütler ist eine wichtige Nahrungsquelle mit reichlich Nektar für Bienen und Schmetterlinge.

#machsnachhaltig

# BLÜHBALKON

Beim Pflanzenkauf sollten unbedingt früh-, spät- und langblühende Arten berücksichtigt werden. Hilfestellung zur Blühzeit gibt im Internet beispielsweise das Modell vom Trachtfließband. Achte außerdem auf Bioqualität, um Pestizidbelastungen auszuschließen, und auf regionale Erzeugung.

## *Frühblüher und andere Zwiebelgewächse*

An dieser Stelle meine Erfahrungen zum Umgang mit Blumenzwiebeln: Im Topf sind diese immer heikel, denn sie leiden unter Staunässe. Es gibt einiges zu beachten, damit sie überleben und in den Folgejahren wieder blühen. Du kennst schon den Grundsatz: Je größer das Pflanzgefäß, umso höher ist die Überlebenschance der empfindlichen Zwiebeln. Löcher im Boden sichern, dass Gieß- und Regenwasser ablaufen kann und sich keine Staunässe bildet. Bei Zwiebeln gehört zuunterst eine Drainageschicht aus Blähton, Kies oder Tonscherben in den Topf. Das Pflanzsubstrat muss wasserdurchlässig sein, torffreie Pflanzerde funktioniert oder du mischt selbst aus Gartenerde, Kompost oder Wurmhumus und einem Drittel grobem Sand. Wohlgemeinte Kompostgaben ins Pflanzloch und stauende Nässe führen zur Fäulnis der Zwiebeln. Sie sollten zeitnah nach dem Kauf gesteckt werden. Längere Lagerzeiten unter ungünstigen Bedingungen (hell, zu warm oder kalt, luftfeucht) reduzieren die Triebkraft und erhöhen die Pilzanfälligkeit. Setze die Frühblüherzwiebeln zwischen Anfang Oktober und Ende November ein, damit sie gut anwurzeln. Zwiebeln werden zwei- bis dreimal so tief gesteckt, wie die Zwiebel hoch ist. Im Pflanzgefäß dürfen die Zwiebeln dichter gesetzt werden als im Beet. In einen Frühblüher-Balkonkasten von 100 cm kannst du 50–80 Zwiebeln stecken. Sind im Balkonkasten bereits Stauden, reichen 10–20 Zwiebeln. Erfahrungsgemäß haben reine Zwiebelkästen die größere Chance, im Folgejahr wieder zu blühen. Bei gemischten Kästen

Frühe Nahrung für Bienen und eine besondere Freude für uns sind frühblühende Zwiebeln und vorn das Wiesen-Schaumkraut.

werden kaum Zwiebeln im zweiten Jahr blühen, weil ihnen das Gießen im Sommer nicht bekommt, aber es gibt auch zu Mischkästen gute Erfahrungen.

## Pflege von Blumenzwiebeln

Wässere nach dem Einpflanzen der Zwiebeln leicht und nochmals nach dem Austrieb, das kann durchaus bereits im November sein. Zeigen sich im Frühjahr die Blätter, leicht düngen und zurückhaltend gießen. Bewährt hat sich die Verwendung von kaliumbetonten Düngern, beispielsweise Tomatendünger. Er fördert die Blüte und unterstützt die Festigkeit der Zwiebelschalen. Das erhöht die Wahrscheinlichkeit, dass sie im nächsten Jahr wieder blühen. Die Freude an den Frühblühern ist intensiv, dauert aber relativ kurz. Die Blüten und Blätter verwelken, dann ziehen sie ein und blockieren den wertvollen Platz. Es ist wichtig, dass die Blätter vollständig eintrocknen können, weil sich nur so Nährstoffe in der Zwiebel anreichern können, und dass ab nun nicht mehr gegossen wird. Nach dem vollständigen Einziehen werden die Pflanzgefäße mitsamt Zwiebeln in eine ungenutzte Ecke zum Übersommern gestellt. Nicht gießen. Den freiwerdenden Platz mit gutem Licht nutzt du für andere Pflanzen. Im Herbst wird das Zwiebelgefäß aus der dunklen Ecke genommen und an den Winterplatz an die geschützte Hausmauer gestellt. Ganz leicht gießen, mit Kompost oder Wurmhumus düngen. Diese Variante ist einfacher, als die verblühten Frühblüher mit vollständig eingetrockneten Blättern, vorsichtig auszugraben, trocken und dunkel zu lagern und im Herbst erneut einzupflanzen. Besonders bienenfreundliche frühblühende Zwiebelpflanzen sind Blaustern, Milchstern, Traubenhyazinthe und die Weinberg-Tulpe. Bewährte insektenanziehende Zwiebelpflanzen für den Sommer sind Kugellauch (*Allium Sphaerocephalon*) und Berglauch 'Millennium' (*Allium senescens*).

# PFLANZ-EINEN-BAUM-BALKON

Grün muss es werden in den Städten und schattig, damit du gut leben kannst. Bäume, Sträucher und Rankpflanzen verbessern deutlich das Kleinklima auf deinem Balkon und tragen ihren Teil bei zur Wohlfühloase bzw. zum Hitzeschutz. Wer es erlebt hat, an einem heißen Sommertag mitten im Balkongrün zu sitzen, der ist begeistert und möchte es nicht mehr missen. Balkondschungel ist angesagt. Ein toller Blickfang und gleichzeitig ein Sicht- und Sonnenschutz. Einen oder mehrere Bäume zu pflanzen, zu pflegen und übers Jahr zu beobachten, macht viel mit uns. Es ist noch ungewöhnlich, aber das geht natürlich auch auf deinem Balkon. Bäume helfen beim Problem Wind, dem einige Balkons ausgesetzt sind. Säulenobst wächst besonders schlank und trägt meist ab dem zweiten Jahr. Es ist gut für große Pflanzgefäße geeignet und kann dauerhaft im Topf bleiben. Auch die Pflanzung als schmale Fruchthecke für mehr Sichtschutz ist möglich (Pflanzabstand 40 cm) oder der Anbau im Spalier.

Hingucker → Es ist spannend, insektenfreundliches frühblühendes Wildobst wie Kornelkirsche, Schlehe oder auch Weiden (Immerblühende Mandel-Weide) mit ihren vielen tierischen Besuchern nah zu erleben. Bäume und Sträucher bieten Unterschlupf für Vögel und Schmetterlinge. Oftmals sind sie Zwischenhalt, um von dort zu den Futterstellen zu fliegen.

Großartige Pflanzkombis → Einjährige Blühpflanzen können untersät werden, aber deutlich weniger Aufwand als Unterpflanzung bringen mehrjährige Pflanzen (Stauden) wie Walderdbeeren, Glockenblumen und Braunelle, die die Bestäuber anlocken.

## SÄULEN-APFEL

*Malus domestica*

Erlebe im Frühjahr die berauschende Apfelblüte in Weiß, Rosa oder sogar Rot. Schaue den ganzen Sommer auf reifende Äpfel, das bringt uns Wohlgefühle. Jeder Apfel ist ein Fest. Säulenobstbäume sind Bäume ohne oder mit nur wenig und kurzen Seitentrieben. Nur bei Apfelbäumen ist dies genetisch hinterlegt, bei anderen Obstarten ist es Marketing. Der 'Pomredrobust' besitzt leuchtend dunkelrote Wangen auf einer grüngelben Grundfarbe. Noch mehr Hingucker ist der 'Pommfital' mit leuchtend roter Blüte, purpur bis dunkelroter Fruchtfarbe und dunkelrotem schmackhaftem Fruchtfleisch.

Ideale Partner → Erdbeeren, Storchschnabel 'Rozanne', Gundermann, Brennnesseln ab dem zweitem Standjahr.

Tiere pflanzen → Die Bestäubung vom Rosengewächs mit hohem Pollen- und Nektarwert erfolgt durch Honigbienen, Hummeln und Mauerbienen. Äpfel sind Nektar- und Raupenfutterpflanze für 25 Schmetterlingsarten.

## APFELBEERE

*Aronia melanocarpa*

Dieses robuste und anspruchslose Wildobst (bis 200 cm) trumpft auf mit üppigen weißen Blütendolden im Mai bis Juni. Bemerkenswert ist die sensationelle Herbstfärbung: Leuchtendes Dunkelrot bis Weinrot bringt den berühmten nordamerikanischen „Indian Summer“ auf deinen Balkon, die Heimat dieses Strauches. Die schwarzvioletten Apfelfrüchtchen sind reich an Vitaminen, Mineral- und Farbstoffen. Die Apfelbeere oder Aronia bietet die mit Abstand höchsten Konzentrationen an Antioxidantien. Hohe Erträge bringen ‘Nero’, ‘Viking’ und ‘Hugin’ (kleinfrüchtig, bis 130 cm).

Ideale Partner → Walderdbeere, Gundermann, Polster-Glockenblume, Große Sternmiere oder Waldmeister.

Tiere pflanzen → Das Rosengewächs ist selbstfruchtbar, Bienen unterstützen dabei. Die Verbreitung der Samen erfolgt mit Hilfe von Amseln und Staren, die die Apfelbeeren mit Begeisterung fressen. Sperlinge sitzen gern im Gebüsch.

## ECHTE FELSENBIRNE

*Amelanchier ovalis*

Der anmutige heimische Strauch (bis 250 cm) blüht im April/Mai in üppigen weißen Blütentrauben. Dazu punktet das Wildobst mit gelb-orangeroter Herbstfärbung. Die vitaminreichen blauvioletten Früchte ähneln Heidelbeeren mit Mandelaroma. Sie sind ab Juli naschbar, wenn die Vögel nicht schneller sind. Niedriger bleiben die Zwerg-Felsenbirne ‘Helvetica’ (bis 180 cm) und ‘Pumila’ (bis 100 cm). ‘Pumila’ kommt mit vorübergehender Trockenheit besonders gut zurecht. Am liebsten steht diese anspruchslose Bienenweide in voller Sonne.

Ideale Partner → Rotes Seifenkraut, Kugel-Lauch, Silber-Fingerkraut und Berg-Bohnenkraut.

Tiere pflanzen → Das Rosengewächs wird von Honigbienen, Hummeln und Schwebfliegen bestäubt. Es ist Nektartankstelle und Raupenfutter für Schmetterlinge. Die Felsenbirne ist ein wichtiges Vogelnährgehölz vor allem für größere Vögel wie Amsel, Drossel und Eichelhäher, die die Samen über ihre Verdauung ausbreiten.

#machsnachhaltig

# PFLANZ-EINEN-BAUM-BALKON

Apfelbäume sind zauberhaft. Schmal und langsam wachsen Säulenapfelbäume. Sehr hübsch sind auch Zierapfelbäume. Pflanz einen Baum! Zwei sind noch besser.

Die Pflanzempfehlungen sind alle robust, anspruchslos und winterhart. Der Handel bietet Bäume wurzelnackt, mit Erdballen oder in Containern an. Containerbäume können grundsätzlich ganzjährig gepflanzt werden, sofern der Boden nicht gefroren ist, die anderen beiden Varianten nur im Herbst oder Frühjahr. Achte auf gute Bioqualität. Topfgrößen sollten mit der Pflanze und mit der Zeit wachsen. Die Pflanzgefäße sollten 30 l und mehr umfassen, lieber eine Nummer größer als zu klein. Verwende torffreie Kübelpflanzenerde. Magere für die Felsenbirne mit Sand ab, sie braucht es nährstoffarm, trocken und durchlässig. Im Frühjahr jeweils eine Düngergabe Kompost, Wurmhumus oder Schafwollpellets verabreichen, sobald die ersten Blätter austreiben. Die größte Dosis erhält der Säulen-Apfel. Nach meinen Erfahrungen ist kein besonderer Winterschutz notwendig, die Pflanzen tragen das wertvolle Gut der Winterhärte in sich.

## Säulen-Apfel

Beim Säulenobst werden in bunten Katalogen und Baumärkten alle Baumobstarten und gängige normal wachsende Apfelsorten als Säulen-, Zwerg- oder Minibaum angeboten, obwohl sie nicht die Gene für den kompakten schwachen Säulenwuchs in sich tragen. Bei dir vom Einkauf bekannt vorkommenden Apfelsortennamen sowie bei Birnen, Süßkirschen, Aprikosen, Pflaumen und Pfirsichen sei vorgewarnt. Da der Säulenwuchs nicht genetisch verankert ist, müssen zweimal pro Jahr, Mitte Juni und Ende Februar, alle Seitentriebe konsequent und bedenkenlos auf 15–20 cm zurückgeschnitten werden, um den typischen Säulencharakter zu erhalten Durch das Kappen der Triebspitze bestimmst du die Höhe deiner Säule.
Apfelbäume sind selbst unfruchtbar, das heißt, sie können sich nicht selbst befruchten. Die Befruchtung funktioniert nur zwischen zwei verschiedenen Apfelsorten. Hast Du eine Kleingartenanlage, andere Balkone mit Apfelbäumen in der Nähe, dann klappt es immer, weil sich die Bienen üppig mit Pollen beladen und diese Pollen auch auf deinen Balkon tragen. Im Juni sollte eventuell der Fruchtbehang ausgedünnt werden, damit der Baum die Anzahl der Früchte ernähren kann. So beeinflusst du ebenfalls die Größe der Früchte.

## Apfelbeere

Die Aronia benötigt eine feuchte, gut durchlässige Erde. Gleichmäßig feucht halten, Staunässe darf nicht entstehen. Im Frühjahr organisch düngen. Die Früchte können schon Ende August eine dunkle Färbung annehmen, sollten jedoch voll ausreifen. Lasse sie so lange wie möglich am Strauch, da nur voll ausgereifte Früchte den optimalen Gehalt an gesunden Inhaltsstoffen wie den Anthocyanen bieten. Vögel lieben oftmals die Beeren. Willst du sie ernten, decke zum Schutz ein Netz darüber.

## Felsenbirne

Die Felsenbirne wächst in der Natur auf nährstoffarmem, trockenem, durchlässigem Boden. Im Topf ist sie etwas empfindlicher, zu trocken darf es nicht sein. Vögel machen sich mit Begeisterung über die Früchte her, verwende ein Netz, wenn du die leckeren Früchte selbst essen möchtest. Je nach Art und Sorte verfärben sie sich kräftig rotbraun oder dunkelrot bis fast schwarz und werden deutlich weicher. Ab und zu ist nach der Blütezeit ein erhaltender Formschnitt notwendig, so kannst du die passende Höhe halten. Für die Krone gilt die übliche Pflege: Alles schneiden, was abgestorben oder kränklich ist, sich überkreuzt und parallel oder nach innen wächst.

# INSEKTENPARADIES

Die Gestalter zwanzig herausragender Naturbalkons habe ich befragt, was ihre Top Ten insektenfreundlicher Pflanzen sind. Mich überraschte vollkommen, das komplett unterschiedliche Pflanzen genannt wurden. Überwiegend waren es heimische Wildpflanzen, was verständlich ist: Evolutionsbedingt leben einheimische Blütenpflanzen und Insekten seit Millionen von Jahren in engen Beziehungen miteinander. Pflanzen bieten Nektar und Pollen als Nahrung, im Gegenzug werden ihre Blüten bestäubt. Jedes Pflanzenteil wird genutzt, auch zum Schlafen, Nisten und Überwintern. Ein Naturbalkon fördert Wildbienen, Honigbienen, Schmetterlinge, Käfer, Fliegen, Wanzen, Spinnen und andere Insekten. Es ist unbestritten, dass mit vielen heimischen Pflanzen auch viele heimische Tiere, insbesondere Insekten, Einzug halten. Tier und Pflanze passen wie Schloss und Schlüssel zusammen. Pflanzen von Trockenstandorten mit magerem, das bedeutet nährstoffarmem Boden, bieten die allergrößte Vielfalt und fördern besonders viele Insekten.

Hingucker → Die Top Ten insektenfreundlicher Pflanzen enthielten auch Küchenkräuter wie Minze, Fenchel, Salbei und Thymian. Radieschen und Grünkohl wurden genannt. Hättest du gedacht, dass das Ausblühenlassen von Gemüse und Kräutern Insekten nützt? Grünkohl, Asia-Salat, Kohlrabi, Radieschen, allesamt Kreuzblütler, blühen wunderbar. Im zeitigen Frühjahr bieten sie Nektar.

Großartige Pflanzkombis → Welche bezaubernde, pflegeleichte, winterharte Vielfalt möglich ist, siehst du auf Seite 99.

## GEWÖHNLICHER DOST

*Origanum vulgare*

Beste anspruchslose und pflegeleichte Pflanze für die Vollsonne. Ein einziges Gewusel ist auf den weiß-rosa-violetten Blüten von Juli bis in den Herbst hinein zu beobachten. Außerdem ist der Gewöhnliche Dost, auch Wilder Majoran genannt, Heil- und Würzpflanze. Auch im Winter sehen die festen Stängel (bis 50 cm) und Blüten noch dekorativ aus. Das einzige, was du machen musst, ist einmal im Jahr, im Frühling, die alten Stängel abschneiden für buschigeres Wachstum. Kleiner bleibt der Zwergmajoran 'Compactum' (25 cm).

Ideale Partner → Wirbel-Dost, Blutroter Storchschnabel, Thymian, Salbei und Basilikum.

Tiere pflanzen → Weil die Blüten vom Lippenblütler besonders nektarreich sind, zieht der Spätblüher zahlreiche Honigbienen, Wildbienen, Schwebfliegen und vor allem Schmetterlinge an. Im Spätsommer lockt er besonders den Distelfalter, Hauhechel-Bläuling und das Große Ochsenauge zum Nektartrinken an.

## RUNDBLÄTTRIGE GLOCKENBLUME

*Campanula rotundifolia*

Der nur 25 cm hohe Dauerblüher verzückt von Mai bis Oktober mit lieblichen blauen essbaren Blüten. Trotz ihrer zarten Erscheinung ist die Glockenblume außerordentlich robust, wenn sie trocken gehalten wird. Sie kann gut als Lückenfüller eingesetzt werden, füllt aber auch einen großen Topf aufgrund ihrer Ausläufer und Selbstversamung. Ein Schneiden ist allenfalls zum Entfernen alter verwelkter Blätter und Stängel erforderlich. Schön ist die gemischte Pflanzung mit der weißblütigen 'White Gem'.

Ideale Partner → Pfingstnelke, Heidenelke, Karthäuser-Nelke, Gewöhnlicher Dost und Wiesen-Salbei.

Tiere pflanzen → Alle *Campanula*-Arten fördern die auf Pollen von Glockenblumen spezialisierte Glockenblumen-Scherenbiene. Die Rundblättrige Glockenblume wird von 24 Wildbienenarten und von Schmetterlingen angeflogen. Die Blüten sind beliebter Schlafplatz für Insekten.

## TAUBEN-SKABIOSE

*Scabiosa columbaria*

Ein weiterer wunderschöner filigraner Insektenmagnet in Taubenblau-Hellviolett für den Spätsommer (60 cm). Dazu robust, anspruchslos und pflegeleicht. Für eine lange und späte Blütezeit von Juli bis November Rückschnitt nach dem Winter bis zum Boden. Skabiosen sind essbar und werden als Salat verwendet. Neben der Wildform gibt es diverse kleinere Zuchtformen mit blauen, rosa oder weißen Blüten.

Ideale Partner → Gelbes Sonnenröschen, Pechnelke, Rosen-Malve, Wiesen-Schafgarbe, Gelbe Skabiose und Rote Spornblume.

Tiere pflanzen → Die Blüten vom Geißblattgewächs sind eine hervorragende Insektenweide, es zieht magisch Bienen und Schmetterlinge (34 Arten) an. Vor allem Widderchen sind häufig auf den Blüten anzutreffen. Die Blüten dienen Hummeln als Schlafplatz, Honigbienen als Regenschutz. Die sich entwickelnden Samenstände sind willkommene Nahrung für Vögel. Sind Stieglitze in der Umgebung, kommen sie.

#machsnachhaltig

# INSEKTEN-PARADIES

Besonders unkompliziert für Einsteiger ist das Anlegen einer Wildblumenwiese aus Stauden. Stauden sind mehrjährig und frosthart. Sie treiben im Frühjahr wieder aus, nachdem die oberirdischen Teile nach jeder Vegetationsperiode absterben. Du kannst sie praktischerweise von März bis November vorgezogen und pflanzbereit in Töpfen kaufen und bei dir einsetzen. In einen 90 cm langen Balkonkasten passen je nach Platzbedarf einer Art fünf bis acht Stauden. Die einfachste Variante ist, sich bei den im Anhang genannten Spezialgärtnereien an den Pflanzpaketen für sonnige, halbschattige und schattige Balkons zu orientieren. Sie sind mit viel Erfahrung zu Blütezeiten und ihrer Topfeignung zusammengestellt und bewährt. So hast du eine dauerhafte Bepflanzung über mehrere Jahre. Nach Bedarf gießen, einmal im Frühjahr organisch düngen und erst im Frühjahr runterschneiden, da Insekten dort überwintern.

### *Gesäte Wildblumenwiesen*

Die preisgünstigste Variante für eine insektenfreundliche Topfbepflanzung sind Aussaaten. Das braucht Fingerspitzengefühl und macht glücklich. Zusammen mit dem bekannten Wildbienenexperten Dr. Paul Westrich hat die Kräutergärtnerei Syringa die 'Wildblumenmischung M12' speziell für Wildbienen konzipiert. Diese Mischung ist farblich attraktiv und berücksichtigt in besonderem Maße die Ansprüche vieler Wildbienenarten an ihre Pollenquellen. Sie fördert vor allem Pollenspezialisten, aber auch weniger spezialisierte Arten. Zur Brutversorgung werden Nektar, aber vor allem Blütenpollen benötigt. Aussaat ab März in Pflanzgefäße mit torffreier Pflanzerde, leicht andrücken. Der erste Flor erscheint nach ca. 8–12 Wochen, die Hauptblütezeit ist nach 10–12 Wochen erreicht. Zeitversetzte Nachsaaten bis Ende April sind empfehlenswert, damit die Blütenpracht über einen längeren Zeitraum Insekten nützt.

Ein Blühwunder in 87 Töpfen auf 2,5 m² in einem Innenhof. Dazu sehr pflegeleicht, weil Steffi wenig gießen braucht und keinen Winterschutz macht.

## *Wie auswählen? Tiere pflanzen?*

Ganz vorn steht dein persönlicher Geschmack zu Blütenformen und -farben, zur Wuchshöhe und Wuchsform. Schaue bei jeder Pflanze nach ihrem Naturstandort. Ist es eine Waldpflanze oder braucht sie viel Sonne? Das sollte zum Standort deines Balkons passen. Achte auf deren Blühzeiten (Frühblüher, Sommerblüher, Spätblüher), Langlebigkeit und Frosthärte. Die Blühdauer ist wichtig, weil viel zu wenige Töpfe auf unseren Balkons Platz haben. Um die Ressource Wasser zu schonen, verwende mehr Hitzehelden anstatt Säufer. Einfluss haben die Größen vorhandener Pflanzgefäße, Platz, Windverhältnisse, zulässige Traglast sowie Wurzelformen. Du kannst deine Balkonpflanzen nicht nach Blüten- oder Blattfarbe aussuchen, sondern nach den Tieren pflanzen, die sie nach dem Schlüssel-Schloss-Prinzip anziehen könnten. Du wirst später feststellen, jede weitere Art, besonders jede weitere Pflanzenfamilie, bringt neue Insekten zu dir. Also ist ein Kriterium (für Fortgeschrittene), dass das ganze Jahr über möglichst Pflanzen aus verschiedenen Pflanzenfamilien blühen. Beispielsweise Kreuzblütler (Knoblauchsrauke, Grünkohl, Asia-Salat), Korbblütler (Löwenzahn, Wasserdost, Purpurkratzdistel), Doldenblütler (Giersch, Dill, Fenchel), Lauchgewächse (Schnittlauch, Lauch, Berglauch), Lippenblütler (Salbei, Duftnessel, Mönchspfeffer), Rosengewächse (Erdbeere, Brombeere, Himbeere), Glockenblumengewächse (Pfirsichblättrige, Rundblättrige, Hängepolster-Glockenblume), Geißblattgewächse (Tauben-Skabiose, Witwenblume, Gelbe Skabiose), Hülsenfrüchtler (Duftwicke, Wundklee, Hornklee) oder Wegerichgewächse (Löwenmäulchen, Fingerhut, Echtes Leinkraut). Du kannst dich auf Schmetterlinge fokussieren und spezielle Futterpflanzen für die Raupen und Nektarpflanzen für die adulten Schmetterlinge auswählen.

# SUKKULENTE TROCKENKÜNSTLER

Hitzehelden sind in Zeiten des Klimawandels wichtiger denn je. Viele heimische Vertreter von sonnigen mageren Standorten wurden im Buch bereits angesprochen: Rundblättrige Glockenblume, Heide- oder Kartäuser-Nelken, Tauben-Skabiose, Schafgarbe, … Noch wildere Trockenkünstler für extreme Sonnenstandorte sind die Sukkulenten mit ihren ungewöhnlichen Blatt- und Wuchsformen. Ihre Anspruchslosigkeit macht sie zu idealen Pflanzen auf superheißen Südbalkons, deren Besitzer faule Gärtner sein wollen. Sie nehmen es nicht mal übel, wenn sie vernachlässigt werden. Sukkulenten lagern in ihren fleischigen Blättern Feuchtigkeit ein. Sie gedeihen in karger durchlässiger Erde und brauchen nur ganz wenig Wasser. Etwas gießen ist nur in langen Trockenphasen notwendig. Im Gefäß muss immer eine gute Drainage vorhanden sein, damit keine Staunässe entsteht. Dazu vermehren sie sich leicht und füllen schnell ihre anfänglichen Pflanzgefäße aus.

Hingucker → Mit Sukkulenten können wunderschöne Arrangements in flachen Schalen und Gefäßen gestaltet werden, aber ebenso in großen Trögen. Winzlinge gedeihen auf kaputten Tellern, Dachziegeln oder Schüsseln. Wie wäre es mit einem Steingarten auf dem Balkon? Auch diese Pflanzen ziehen magisch Insekten an und erfreuen unser Auge.

Großartige Pflanzkombis → Verschiedene Mittagsblumen in vielerlei Farben, Hauswurz-Vielfalt, winterharte Feigenkakteen und Fetthennen-Vielfalt mit vielen Spätblühern. Bei der Kombination mit höheren Pflanzen achte darauf, dass diese die sonnenhungrigen Mittagsblumen nicht schattieren.

## SPINNWEBEN-HAUSWURZ

*Sempervivum arachnoideum*

Diese zauberhafte, anspruchslose, robuste Trockenkünstlerin ist in den Alpen beheimatet. Sie hat Blattrosetten mit Spinnweben an den Enden der Blätter. Aus diesen Rosetten wachsen im Juli/August Blütenstände mit rosa Blüten (bis 30 cm). Blätter und Blüten sind essbar. Die Pflanze wächst langsam, ist vollkommen winterhart, wintergrün, pflegeleicht und bildet Tochterrosetten und dichte Teppiche. In den ungewöhnlichsten Pflanzgefäßen gedeiht sie ausgesprochen gut, sogar das Dach eines Vogelhauses lässt sich mit Hauswurzen begrünen. Sie benötigen wenig Erde zum Wurzeln, kommen auf kargem Untergrund mit gutem Ablauf zurecht und brauchen es sonnig, im Schatten verkümmern sie.

Geniale Partner → Purpur-Fetthenne, Alpen-Lichtnelke, Berg-Gamander, Polster-Seifenkraut, Mauerpfeffer-Vielerlei: Dach-Hauswurz, Spanischer Mauerpfeffer, Berghauswurz.

Tiere pflanzen → Das Dickblattgewächs ist eine gute Bienenweide.

## SCHARFER MAUERPFEFFER

*Sedum acre*

Der Scharfe Mauerpfeffer oder die Scharfe Fetthenne wächst polsterbildend, nur 15 cm hoch, und füllt Lücken im Kasten am sonnenexponierten Standort oder überwuchert. Das Fettblatt ist ausgesprochen anspruchslos und pflegeleicht. Weder regelmäßiges Wässern noch Düngen sind nötig. Ist das Substrat zu nährstoffreich, bildet es schwache und anfällige Triebe. Die trockenen Blütenstängel bieten über den Winter hinweg ein schönes Bild, die Pflanzen sind immergrün. Neben der Wildform gibt es diverse Zuchtsorten wie Gold-Mauerpfeffer 'Yellow Queen' oder 'Aureum Gold'. Weitere Fetthennen-Arten sind als Spätblüher mit einer Blütezeit von Juli bis September empfehlenswert: September-Fetthenne und Große Fetthenne.

Ideale Partner → Sand-Thymian, Feder-Nelke, Weißer Mauerpfeffer und Milder Mauerpfeffer.

Tiere pflanzen → Das Dickblattgewächs nährt Bienen, Hummeln, Schmetterlinge, Fliegen und Schwebfliegen.

## MITTAGSBLUME

*Delosperma*

Die sukkulenten blühfreudigen Bodendecker aus Südafrika sind Überlebenskünstler und gedeihen nur in einem trockenen, durchlässigen und mageren Substrat am sonnigen Platz. Die typisch strahlenförmigen Blütenkörbchen zeigen sich je nach Sorte zwischen Mai und September. Manchmal verschwindet das für „Trockenkünstler" typische, dickfleischige Blattwerk komplett unter der Blütenpracht. Mittagsblumen sind nicht grundsätzlich winterhart. Diese Sorten sind zuverlässig bis etwa −20 °C frostfest, benötigen aber einen Regenschutz: 'Golden Nugget', 'Kelaidis' lachsrosa, 'Halda' purpurrosa, 'Letseng' rotviolett, 'Kleine Rote'.

Ideale Partner → Am schönsten wirkt Delosperma, wenn verschiedenfarbige Sorten zusammen gepflanzt werden.

Tiere pflanzen → Die Blüten vom Mittagsblumengewächs öffnen sich an kurzen Stielen hauptsächlich in der Mittagssonne und werden gerne von Bienen, Hummeln und Schmetterlingen besucht.

#machsnachhaltig

# SUKKULENTE TROCKENKÜNSTLER

Sukkulenten sind pflegeleicht. Allerdings sind sie empfindlich gegen zu viel Nässe oder Staunässe. Sie brauchen ein durchlässiges Substrat. Verwende handelsübliche Kakteen- oder Sukkulentenerde oder eine Mischung aus magerer Gartenerde und grobem Sand, vielleicht noch Kiesel oder Splitt. In nährstoffreicher Blumenerde bilden sich schwache und anfällige Triebe.

## Kreative Gefäße

Diese echten Trockenkünstler können schon bei Substrattiefen von wenigen Zentimetern gedeihen, beispielsweise in mit Löchern versehenen Kübeluntersetzern. Hier kannst du deiner Kreativität freien Lauf lassen und mit Schätzen vom Keller oder Flohmarkt arbeiten: Gefäße wie zum Beispiel alte Schuhe, alte Töpfe, rostige Backformen, eine alte Zinkwanne oder auch winterharte Tontöpfe. Flache Schalen für niedrige Arten, tiefere Töpfe für hohe Arten. Die niedrigen Schalen vorn zur Sonne stellen, alle Sukkulenten brauchen volle Sonne, sonst kümmern sie. Achte beim Bepflanzen auf einen guten Wasserabzug, also Loch im Boden, eine gute Drainage aus Kies oder Blähton und auf ein durchlässiges, sandiges Substrat. Als Mulch obenauf eignet sich eine 1–4 cm dicke Schicht aus feinem Kies oder Splitt. Das schützt die Pflanzen vor Fäulnis. Der Vorteil eines Steingartens und vom Kiesmulch ist, dass die Steine tagsüber Wärme aufnehmen und diese nachts abgeben. So kannst du auf kleinem Raum auf im Sommer überhitzten Südbalkons wunderschöne, fantasievolle, pflegeleichte Miniaturgärten und Steingärten gestalten sowie dekorative Elemente als Hingucker in kleinen hübschen Schalen arrangieren und hast kaum Gießaufwand.

*Kreative Arrangements mit diesen Trockenkünstlern sind echte Hingucker. Sie sind ideal für überhitzte Südbalkons, weil sie ganz wenig Wasser benötigen.*

## Pflanzen und pflegen

Neben den Wildformen gibt es im Gartenfachhandel diverse Zuchtsorten. Achte auf deren ausgeschriebene Frosthärte, so hast du weniger Aufwand für Winterschutz. Wohnungen bieten erfahrungsgemäß oftmals wenig Platz für Überwinterungsquartiere von Pflanzen. Naheliegend ist der Kauf in einer Gärtnerei oder Baumschule deiner Region oder bei Internetanbietern. Vielleicht kannst du dir aber auch bei Balkonfreunden Ableger besorgen durch Teilung alter Bestände, Stecklinge vom Scharfen Mauerpfeffer oder Tochterrosetten von Hauswurzen. Pflanzzeit für Sukkulenten ist vom Frühling bis zum Herbst. Gekaufte Exemplare sind meist nicht an direkte Sonne gewöhnt, ein Sonnenbrand droht. Achte genau wie bei Gemüsejungpflanzen im Mai auf eine Eingewöhnungszeit, indem sie anfangs eine Woche halbschattig stehen. Nur in sehr langen Trockenphasen gießt du ein wenig. Bei den Mittagsblumen fördert ein Auskneifen der verblühten Blüten und leichte Düngung die Nachblüte.

## Eher Regen- als Winterschutz

Hauswurz und Mauerpfeffer sind perfekt an mitteleuropäische Winter angepasst und benötigen keinen Winterschutz. Eine gute Drainage ist extrem wichtig. Auch Schnee schadet in der Regel nicht, sondern dient stattdessen als Wärmedecke. Einige Mittagsblumen-Sorten sind bis etwa –20 °C frostfest, benötigen aber in der Regel einen Regenschutz. Überstehen sie den Winter nicht, liegt dies nur selten an der Kälte, sondern sie sind ertrunken. Überleben sie nicht, besteht die Chance auf neue Sämlinge durch Selbstaussaat im alten Gefäß. Aber auch ohne Regenschutz liegen gute Erfahrungen vor. Die Überwinterung von nicht frostharten Mittagsblumen-Sorten bietet sich in einem hellen, unbeheizten Raum (nicht über 5° C) an. Sogar nicht frostharte Sukkulenten-Arten können es bei guter Drainage schaffen, in nicht so kalten Regionen im Freien zu überwintern. Leichten Frost vertragen sie problemlos. Mittagsblumen benötigen zum Gedeihen etwas mehr Erdvolumen und Nährstoffe als Hauswurze.

# TIERPARADIES IM 6. STOCK

Tiere pflanzen? Das klingt zunächst ungewöhnlich. Doch das geht, denn Tiere und Pflanzen haben sich im Laufe der Evolution aneinander angepasst und bilden Partnerschaften: Wer Kornblumen sät, hat wahrscheinlich bald Stieglitze zu Besuch, wenn sie im Umfeld leben. Jeder Tag auf deinem grünen Wohnzimmer mit vielen heimischen Pflanzen kann dir spannende Naturbeobachtungen bringen, auch magische und berührende Momente, hilft gegen die Überhitzung und macht dich glücklich.

# AUS BETON WIRD BIOTOP

Die negativen Nachrichten um den Verlust der Artenvielfalt und die Klimaänderung empfinden wir als bedrohlich. Wir alle können etwas tun. Städtische Gärten, Terrassen, Balkons und Fensterbretter können Hotspots für die biologische Vielfalt sein, wenn wir gezielt auf die Ansiedlung heimischer und seltener Pflanzen achten und verschiedene Lebensräume fördern. Jede weitere Art, jeder weitere Lebensraum bringt neue Insekten- und Vogelarten zu uns. Die für Deutschland genannte Anzahl von 58 Millionen Balkons und Terrassen ist mehr als eine Kleinigkeit im Kampf um den Erhalt der Artenvielfalt. Es sind wichtige Trittbrettbiotope. Jeder weitere grüne Balkon zählt für die Biodiversität in der Stadt, mildert die Folgen des Klimawandels ab und hilft gegen die Überhitzung.

## *Wie sieht dein Balkon aus?*

Überlege, was du dir wünschst. Gemüse, Obst, Kräuter, heimische Pflanzen oder nichtheimische. Eine Mischung aus allem? Ein Bio-Balkon? Es ist dein Balkon, auf dem du glücklich werden sollst. Erfahre und erspüre mit offenem Herzen deinen Balkon. Ich bin sicher, du machst einzigartige wertvolle Erfahrungen auf deinem Weg vom "Beton zum Biotop". Vielleicht habe ich ein bisschen viel über heimische Pflanzen geschrieben, aber sie sind nachgewiesen das Optimum, weil heimische Pflanzen und heimische Tiere in engen Beziehungen miteinander leben. Aufgrund des Klimawandels können Pflanzen aus Südeuropa und Amerika sinnvoll ergänzen. Mir ist bei den heimischen Pflanzen so wichtig, dass wir sie meist auch essen können, wie es unsere Vorfahren noch taten. Wir lernen die Schönheit und Heilkraft wilder Pflanze wieder kennen. Oft können wir erst wirklich schätzen und schützen, was uns umgibt, wenn wir dafür überhaupt Bewusstheit haben.

## *Erst mal anfangen ...*

So viele Möglichkeiten. Also ist das wichtigste und schwierigste, überhaupt anzufangen. Bei unserem begrenzten Platz beginnen wir vielleicht erstmal mit einer Pflanze pro Pflanzenfamilie, pro Art. Du kannst beobachten, was gut besucht wird und was weniger gut, was gut gedeiht und was schlechter. Die Lage deines Balkons ist ausschlaggebend. Passen die Pflanzen zum Standort? Welche Insekten und Tiere sind im Umfeld überhaupt vorhanden? Sind diese Tierarten nicht vorhanden, kannst du sie mit den besten Pflanzen und Strukturelementen nicht anlocken.

Von den Erfolgspflanzen könntest du in zwei bis drei Jahren mehr säen oder kaufen und in die Töpfe setzen, in denen weniger erfolgreiche Pflanzen eingegangen sind. Bewahre die Einkaufsliste und den Pflanzplan auf. Noch besser, du notierst es in deinem persönlichen Balkontagebuch. Gerade bei begrenztem Platz spricht nichts dagegen, durch einen hohen Kompost- oder Wurmhumusanteil im Substrat, Düngen und Gießen mit Augenmaß „Prachtexemplare" zu züchten, sodass auch eine einzelne Wilde Möhre beispielsweise mehrere hundert Einzelblüten haben kann. Machen ist wie wollen – nur krasser. Anfangen. Undogmatisch, der Weg ist das Ziel.

Etwas wilder und weniger ordentlich nützt den Tieren. Schluss mit den überkommenden Ordnungs- und Sauberkeitsvorstellungen von gestern, die in uns allen stecken. Die Förderung der Stadtnatur ist ein gutes Argument. Ungeputzte Fensterscheiben verhindern Scheibenanprall von Vögeln. In den im Herbst nicht heruntergeschnittenen Stängeln, im nicht zusammengekehrten Blatthaufen finden Insekten Unterschlupf über Herbst und Winter. Aufräumen ist erst im März sinnvoll, wenn die Stauden deutlich austreiben und wenn mehrere Tage hintereinander die Sonne scheint. Dann können die Insekten woanders hinschlüpfen.

## Die Natur mehr schätzen lernen

Meine Erfahrung ist, dass Städter über die heimischen Wildpflanzen, die Insekten- und Vogelbeobachtung am Balkon tatsächlich in Kontakt mit der Natur kommen. Oftmals halten sie erst mal Abstand, wundern sich, staunen, das Interesse wird geweckt, dann holen sie Informationen ein. Städter lernen die in ihrer Nähe vorkommenden Arten und ihre Vorlieben kennen. Wir fühlen sie mit all unseren Sinnen. Sei es das morgendliche Vogelkonzert. Die plüschigen Hummeln. Aber auch verschiedene Kleckse auf den weißen Fliesen. Harmlose Feldwespen in der Jalousie. Das Zirpen der Grille, die keinesfalls in die Wohnung darf. Der hungrige Buntspecht, der sich die proteinreiche Brut aus den Insektennisthilfen heraushackt. Wir lernen zahlreiche andere nicht ganz so pelzig sympathische Tiere kennen. Sind die tierischen Besucher nicht da, fehlen sie uns. Es entsteht ein wertvolles Verständnis für die natürlichen Zusammenhänge. Wir treten in Kontakt mit der Natur, nehmen sie wahr, lernen sie mehr schätzen und erkennen viel deutlicher die Bedrohung durch Klimawandel und Artensterben. Unser eigenes Handeln hat große Auswirkungen.

*Eichhörnchen flitzen und wühlen bei mir seit 2015 auf beiden Balkons und auf allen Fensterbrettern. In drei Frühjahren wurden sogar Junge großgezogen.*

#machsnachhaltig

# TROCKENES PLÄTZCHEN

Mit ganz einfachen Mitteln, vorrangig natürlich Nahrung über Pflanzen, können viele Wildbienenarten unterstützt werden. Wildbienen leben in morschem Holz, in Lehmwänden, in hohlen Stängeln und ähnlichen Materialien. Man kann sie durch verschiedene leicht herzustellende Nisthilfen, die man möglichst regengeschützt an einer besonnten Wand anbringt, gezielt ansiedeln. Wusstest du, dass die handelsüblichen „Bienen-Hotels" nur wenigen Wildbienenarten der in Deutschland rund 560 vorkommenden Arten nützen? Drei Viertel unserer Wildbienen nistet im Boden und würden die bereitgestellten Nisthilfen gar nicht annehmen. Eine Variante für bodennistende Wildbienen ist ein Sandarium, das durchaus attraktiv aussehen kann. Ob es auf dem Balkon funktionieren wird? Bei einigen schon. Die bodennistenden Wildbienen und Wespen müssen dann nur noch auf den Balkon hochfliegen und das Angebot finden. Erfolg versprechendere Varianten sind auf jeden Fall Bohrungen in Hartholz, Bambusstängel und Pappröhren (siehe Seite 114).

### *Sandarium*

Befülle ein eher tieferes Gefäß mit einer Drainageschicht aus Blähton, Tonscherben oder grobem Kies, damit der Sand schnell abtrocknen kann, sollte er nass werden. Obenauf kommt Löss oder sandiger Lehmboden. Oder mische Lehm und ungewaschenen Sand zu gleichen Teilen. Ist keine Quelle für Lehm in der Umgebung, eignet sich Lehm-Oberputz der Firma Claytec®. Spielesand eignet sich nicht, weil die Brutgänge Stabilität brauchen, sie dürfen nicht zusammenfallen. Achte beim Befüllen darauf, den Sand alle paar Schippen fest anzudrücken. Obendrauf gelegte einzelne Steine dienen den anfliegenden Bienen als Orientierungshilfe. In der Natur graben einige Arten ihre Brutröhren

Ein Sandarium ist eine Einladung an Wildbienen, die im Boden nisten. Dieses Sandarium wurde sogar recht schnell angenommen.

Möglichst viel der sandig-lehmigen Oberfläche soll für die Wildbienen zugänglich bleiben. Hübsch ist die Dekoration mit wenigen Steinen und Hitzehelden.

am Fuße größerer Steine. Das gewährt ihnen einen gewissen Schutz vor Zerstörung durch Tritte. Nun leicht dekorieren mit einem Stück Totholz (z. B. Pappel oder Weide) und einer sukkulenten Hitzeheldin – Hauswurz oder Mauerpfeffer (siehe Seite 100 und 101). Zielführend ist, wenn möglichst viel von der Sandfläche für die Bienen zugänglich bleibt. Der optimale Standort ist sonnig.

## Markhaltige Stängel

Es gibt Wildbienenarten, die in aufrecht stehenden, toten Stängeln brüten und deren Larven dort überwintern. Diese markhaltigen Stängel eignen sich beispielsweise: Brombeere, Himbeere, Wildrose, Beifuß, Distel, Königskerze, Sonnenblume oder Fenchel. Holunder ist zwar markhaltig, bei Bienen aber wenig beliebt. Du kannst im Herbst frische Brombeer-Stängel und andere in handliche Stücke (60–150 cm) schneiden und über den Winter trocknen lassen. Diese Stängel befestigst du im Frühjahr senkrecht am Balkongeländer, Tischbein oder ähnlichem. Wichtig ist, dass sie einzeln und senkrecht stehen, waagerecht werden sie nicht angenommen. Eine andere Variante ist, diese Stängel in ein standfestes Gefäß zu stecken, das mit Sand oder Sand-Lehm-Mischung befüllt ist. Das Substrat sollte nicht nass werden bzw. rasch abtrocknen. Du kannst die Stängel aber auch einzeln in einen Ziegelstein stellen, der viele Öffnungen besitzt. Werden Stängel direkt in die Töpfe gesteckt, verrotten sie durch die Bodenfeuchte im unteren Bereich und fallen um. Der optimale Standort ist wiederum sonnig. Die neuen Wildbienen schlüpfen im Verlauf des folgenden Frühjahrs, also bis April/Mai stehen lassen. In einigen Städten werden markhaltige Stängel durchaus besiedelt, in Berlin gibt es bisher keine Erfolge.

#machsnachhaltig

# MINI-TEICH UND SUMPFBEET

Habe beim Lebensraum Mini-Teich die Traglast im Blick. Sehr dekorativ sind auch kleinere Wasserschalen mit nur zwei oder drei Wasserpflanzen.

Der Lebensraum Wasser bringt neue Insekten zu uns, verbessert enorm das Kleinklima und kann attraktiv gestaltet werden. Beim Mini-Teich bildet der Boden vom gewählten Gefäß Schotter oder Kies, dann wird bepflanzt und mit Wasser befüllt. Beim Sumpfbeet oder Sumpfkasten wird Erde hineingefüllt, die sumpfig bleibt. Gerade Sumpfbeete sind sehr pflegearm. Wann immer der Wasserspiegel weg ist, ordentlich wässern und dann ist erst mal wieder Ruhe. Ins Sumpfbeet hineingepflanzt werden Teichrandpflanzen, die mit wechselnden Wasserständen zurechtkommen. Weniger ist jeweils mehr, weil sich die Pflanzen ausbreiten werden.

## Mini-Teich
### Das brauchst du:

- **ein wasserdichtes Gefäß (Terrakottatopf, Emailleschüssel, Badewanne, Trog oder Fass)**
- **Schotter oder Kies**
- **Wasserpflanzen, die sich für Uferzonen eignen und die du aus einer Staudengärtnerei oder vom Spezialhandel beziehen kannst**

### Geeignete Pflanzen sind:

- **Wassertiefe 5–10 cm: Blut-Weiderich, Froschlöffel, Sumpf-Dotterblume, Sumpf-Vergissmeinnicht**
- **Wassertiefe 10–20 cm: Kleiner Rohrkolben, Sumpf-Schwertlilie, Wasserminze, Echte Brunnenkresse**
- **Wassertiefe 20–50 cm: Froschbiss, Seekanne, Tannenwedel, Wasser-Hahnenfuß**

Das Gefäß befüllst du mit etwas Schotter oder Kies. Diesen vorher waschen, dann ist das Wasser (am besten wäre Regenwasser) klarer. Setze Pflanzen hinein, die mit Kies beschwert werden. Lege nach dem Befüllen mit Wasser noch einen Zweig hinein für Insekten, damit diese wieder rauskommen. Wasserpflanzen sind sonnenliebend. Ein halbschattiger Platz ist besser, damit kein Problem mit Algen auftritt. Nicht düngen, weil Nährstoffe Algenbildung fördern. Goldfische sind vollkommen ungeeignet. Der Mini-Teich überwintert an einem frostfreien Standort.

## Sumpfbeet oder Sumpfkübel

In ein geschlossenes Gefäß (unten geschlossener Balkonkasten, Eimer, Waschschüssel, Hydrokulturgefäß, Mörteleimer, Keramikschale) wird Lehm eingefüllt mit etwas Kompost oder Wurmhumus. Wenig gedüngte torffreie Blumenerde ohne Rindenbestandteil wäre auch möglich. Dorthinein pflanzt du Wasserpflanzen für die Wassertiefe 5–20 cm. Blut-Weiderich ist eine ausgesprochen attraktive, anspruchslose Pflanze. Er liebt feuchte Erde bis flachen Wasserstand. Selbst in engen Gefäßen wird er noch bis zu 1 m hoch und seine dunkelrosa Blütenkerzen leuchten von Juli bis September. Kompakt und somit sehr standfest ist die farbintensive Blut-Weiderich-Sorte 'Robert' (80 cm). Niederwüchsige schöne Sumpfpflanzen sind die Sumpf-Dotterblume (40 cm, gelbe Blüte von April bis Juni) und Sumpf-Vergissmeinnicht (blaue Blüte von Mai bis September). Eine gute Feuchtpflanze ist die Ross-Minze (bis 70 cm, lila Blüte von Juli bis September), wobei der Tee nicht so gut ist wie andere Minztees.

Eine großartige bewährte hochwachsende Pflanzkombi für einen Balkonkasten, der keine Löcher enthält, sind Blut-Weiderich, Eibisch und Wasserdost. Aufgrund ihrer Höhe von bis zu 130 cm empfehle ich, sie zum Beispiel in ein Balkoneck zu stellen und auf Bauchhöhe einen Gurt von einem Geländer zum nächsten zu spannen, damit sie nicht umknicken. Das sieht wunderschön aus und wird angeflogen ohne Ende. Bei Frost die Sumpfkübel umkippen, damit sie nicht kaputt frieren. Meine haben es auch so geschafft.

# BIENENPARADIES

Das Bienensterben ist in aller Munde. Immer mehr Menschen schicken sich an, Bienen zu retten und denken dabei an die Sympathieträgerin Honigbiene. Das ist medial etwas fehlgeleitet. Die ursprünglich heimische Biene, die Unterart *Apis mellifera mellifera*, ist in Deutschland ausgestorben. Die bei uns heute gezüchtete und für die Honiggewinnung genutzte Honigbiene *Apis mellifera* ist ein Nutztier. Ein Honigbienenvolk zählt mehrere zehntausend Tiere, die gemeinsam in Bienenstöcken leben. Bienenhaltung ist eine Tierwirtschaft. Die Honigbiene als Spezies ist bei uns nicht bedroht, auch wenn die Herausforderungen für die Imkerei immer größer werden. Bedroht ist die Insektendiversität.

## *Bienen retten!*

Das Bienensterben bezieht sich auf unsere circa 560 in Deutschland heimischen Wildbienenarten. Tun wir etwas für die gefährdeten Wildbienen, helfen wir gleichzeitig den Honigbienen, Insekten und anderen Tieren. Anders als Honigbienen leben die meisten Wildbienenarten nicht in größeren sozialen Gruppen, sondern solitär. Die Vielfalt an Farben, Größen und Lebensweisen der Wildbienen ist enorm. Die kleinsten Arten sind winzige 4 mm groß. Mit 3 cm ist die Blauschwarze Holzbiene die größte der heimischen Wildbienenarten. Kaum eine Wildbienenart gleicht der anderen: rostbraun, gelb gestreift oder blauschwarz, pelzig, füllig oder langgestreckt. Die meisten Wildbienenarten nisten im offenen Boden. Andere Arten legen Nistplätze in Totholz, Pflanzenstängeln oder leeren Schneckenhäusern an. Auf dem Balkon können einige Dutzend Wildbienenarten zu Hause sein. Was vielen neu ist: Auch die beliebten Hummeln sind Wildbienen. Auf Balkons häufig gesichtete Arten sind die Gehörnte Mauerbiene, Rostrote Mauerbiene und Gewöhnliche Löcherbiene. Diese polylektischen Bienen sammeln Pollen von Pflanzen verschiedener Familien. Auch Honigbienen sind polylektisch, also nicht auf bestimmte Pflanzen spezialisiert. Bei den oligolektischen Wildbienen sammeln die Weibchen ausschließlich Pollen einer Pflanzenart (oder eng verwandter Arten) und bestücken damit ihre Nester als Larvenfutter. Balkonier empfangen sogar diese spezialisierten Wildbienen, wenn sie in der Umgebung vorkommen. Das ist wertvoll. Pflanzen wir ihre Pflanzen, sichern wir den Erhalt dieser Wildbienenarten an unserem Standort.

Es gibt gute Erfahrungen, welche spezialisierte Wildbienen auf Balkons in Großstädten empfangen wurden, auch in Innenhofsituationen, im 6. Stock. Natternkopf bringt die Natternkopf-Mauerbiene, Rainfarn bringt die Rainfarn-Maskenbiene, Resede die Reseden-Maskenbiene. Mit sämtlichen Glockenblumenarten locken wir die Glockenblumen-Scherenbiene an. Häufig angeflogen werden Rundblättrige Glockenblume (siehe Seite 97), Knäuel-Glockenblume und die Nesselblättrige Glockenblume für

schattige Bereiche. Pflanzt du Arten aus der Familie der Glockenblumengewächse unterstützt du spezialisierte Wildbienen, die sich nur fortpflanzen können, wenn sie für ihre Jungen Pollen von irgendeiner Glockenblumenart finden.

## Wildbienen brauchen nicht nur Nahrung

Zum Überleben brauchen sie geeignete Nistplätze und passendes Nistmaterial. Da Nahrung, Nistplatz und Baumaterial nur wenige Hundert Meter voneinander entfernt sein dürfen, sind Wildbienen auf Lebensraummosaike angewiesen. Gibt es in der Stadt Grünflächen, können sich Insekten kreuz und quer verbreiten und vermehren. Kleine Wildbienen fliegen nur 200 m weit, dicke Hummeln 3 km. Darum sind grüne naturnah gestaltete Balkone, Dachterrassen, Fensterbretter, Innenhöfe und Baumscheibenbegrünungen als Trittsteinbiotope so immens wichtig. Durch verschiedene leicht herzustellende Nisthilfen kannst du sie gezielt unterstützen (siehe Seite 114) sowie gefahrlos und leicht beobachten. Trotzdem ist das Anbieten solcher Nistmöglichkeiten kein wirksamer Beitrag zum Schutz bedrohter Arten.
Ein nachhaltiger Schutz der Wildbienen, vor allem der gefährdeten Arten, ist nur durch die Erhaltung, Pflege und Förderung der natürlichen oder naturnahen Nistplätze und Nahrungsräume möglich. Trotzdem sind Nisthilfen sinnvoll, sofern sie etwas taugen. Sie bringen durch Naturbeobachtungen eine Annäherung an die natürlichen Abläufe. Sie fördern die Erkenntnis, dass der Schutz der Lebensräume höchste Priorität hat. Es macht einen Unterschied, ob es zehn oder tausend grüne Balkone gibt. Jede Begrünung fördert Biodiversität, hilft gegen die Überhitzung und sorgt für das eigene Wohlbefinden.

#machsnachhaltig

# DIE PERFEKTE INSEKTENNISTHILFE

Mitte März ist die beste Zeit, Wildbienennisthilfen aufzustellen und sich um ein vielfältiges Angebot an Nahrungspflanzen zu kümmern. Um möglichst vielen verschiedenen Arten einen Nistplatz zu bieten, kannst du unterschiedliche Niststrukturen nach dem Baukastenprinzip anbieten. Nisthilfen für Bewohner von Hohlräumen (Hartholzblöcke, hohle Stängel, Bienensteine, Schilfmatten), markhaltige Stängel (siehe Seite 109), Lehmsteilwände und morsches Totholz. Die meisten der in Baumarkt, Gartencenter und Discounter angebotenen Nisthilfen sind schlecht verarbeitet oder teilweise sinnlos mit Tannenzapfen, Holzstücken, Stroh oder Schmetterlingsschlitz befüllt. Entweder du kaufst professionell hergestellte Ware bei Wildbienenexperten oder fertigst dir mit wenig Kostenaufwand selber eine Nisthilfe an. Schon eine einzelne Dose mit sauber geschnittenen hohlen Stängeln befüllt, kann ein guter Brutplatz von Wildbienen sein. Für mit Pappröhren befüllte Dosen liegen für (überdachte) Balkons gute Erfahrungen vor. Du kannst auch ein verlängertes Dach auf die Nisthilfe bauen, damit sie vor Regen geschützt ist. Zum Schutz vor Specht, Meise und Co. kannst du mit mindestens 6 cm Abstand ein Gitter aus Kaninchendraht davor setzen.

## *Langlebige Hartholzblock-Nisthilfe*
## *Das brauchst du:*

- **ein gut abgelagertes Stück Hartholz (z. B. Buche, Esche, Obstbaum, Eiche) mit circa 12 cm Tiefe**
- **Bohrmaschine**
- **Holzbohrer (2–9 mm Durchmesser)**
- **kleine Rundfeile**
- **Schmirgelpapier**

Als Erstes zeichnest du ein Muster auf. Lasse zwischen den Bohrungen 1,5 cm Platz. Bohre die Löcher ins Längsholz, dort wo ursprünglich die Rinde war – wie Fraßgänge von Käfern. Nicht ins Stirnholz bohren, wo die Ringe sind, dort reißt das Holz. Die Bohrlochtiefe sollte ungefähr das Zehnfache des Durchmessers betragen. Das Holz darf nicht durchbohrt werden. Falls die Bohrlöcher unsauber geworden sind, bessere zum Schutz der zarten Bienenflügel mit einer

*Am erfolgversprechendsten sind auf Balkons saubere Bohrungen in Hartholz und Röhren aus Bambus, Stängel und Pappe sowie teils markhaltige Stängel.*

*Hier baute Katrin ein gekauftes Modell schlechter Qualität nachträglich sinnvoll um und schützte mit einem Draht vor hungrigen Meisen und Buntspechten. Direkt unter dem Dach aus Holz ist die Lehmwand zu sehen.*

kleinen Rundfeile und Schmirgelpapier nach. Den Block gut ausklopfen und absaugen, damit kein Bohrstaub zurückbleibt. Auf ein Dach kann verzichtet werden, wenn die Nisthilfe regengeschützt hängt. Ansonsten ein lichtdurchlässiges weit überstehendes Dach aus Plexiglas darauf befestigen. Die Nisthilfe sollte sonnig angebracht werden, nicht im Wind wackeln und frei anzufliegen sein.
Diese auf Balkons gesichteten Arten empfängst du in folgenden Bohrlochgrößen:

- **Scherenbiene, Maskenbiene und Löcherbiene in 2–5 mm**
- **Rostrote Mauerbiene, Gehörnte Mauerbiene und Blattschneiderbiene in 6–9 mm**

## Lehmsteilwand

Steilwandbewohnern von senkrechten Lehm-/Löss-Steilwänden kannst du mit Lehmnistblöcken helfen. Pelzbiene und Maskenbiene könnten hier einziehen, die auf Balkons schon gesichtet wurden. Hier gilt es weitere Erfahrungen zu sammeln.

### Das brauchst du:

- **Blumenkasten, Holzkasten mindestens 15–20 cm tief, 60 cm lang**
- **Lehm-Oberputz fein 0,6 Firma Claytec®, Löss oder feinen Spielsand und Lehm**
- **Wasser**

Das Gemisch sollte nach dem Trocknen mit dem Fingernagel leicht abzuschaben sein, sonst ist es zu hart und wird nicht angenommen. Die Mischung jeweils 5 cm dick schichten und die Luftblasen rausklopfen. Lasse zum Rand 2 cm Platz, damit die Lehmwand vor starken Regen geschützt ist. Ist alles getrocknet, mit einem 5- und 8-mm-Bohrer noch ein paar ca. 2 cm tiefe Gänge andeuten. Es soll „Hier nistet schon jemand!“ suggerieren, andere Gänge werden dann weiter gegraben. Günstig ist ein sonniger und regengeschützter Standort.

# ALLE VÖGEL FLIEGEN HOCH

Häufige Vögel auf Balkons sind Kohlmeise, Blaumeise, Haussperling, Amsel, Grünfink und sogar der Buntspecht. Gartenbesitzer wundern sich oft, wie viele Vogelarten auf städtischen Balkons gesichtet werden. Bei mir mitten in Berlin sind es bereits 24 Vogelarten. Futterstellen, Begrünung und Balkondschungel mit Kletterpflanzen, früchtetragende Gehölze und Sträucher mit Versteckmöglichkeiten locken an. Balkonpflanzen und aus den Balkonkästen hoch- oder herausstehende Äste als vielfach bewährter Geheimtipp fassen sie als Einladung für Besuche auf. Von den Pflanzen und den in die Balkonkästen gesteckten bzw. sicher befestigten hoch- oder herausstehenden Ästen fliegen sie zu den Futterstellen.

Mit der Verwendung insektenfreundlicher Pflanzen förderst du immer Vögel, die sich von Insekten ernähren oder diese an ihre Jungen verfüttern. Viele Samenstände sind bei unseren Vögeln als Leckerbissen beliebt. Kommen in deiner Umgebung die exotisch aussehenden farbenfrohen Stieglitze vor, finden sie garantiert die Samen von Kornblumen, Wilder Karde, Skabiose, Flockenblumen, Sonnenblumen, Cosmeen und sogar vom Asia-Salat. Man sieht die Stieglitze kaum, sind aber Samen dieser Arten reif, fliegen sie hoch in den 6. Stock und höher. Grünfinken holen die Samen vom Natternkopf. Diese Erlebnisse lieben wir. Amseln holen sich Heidelbeeren, Erdbeeren, Beeren der Felsenbirne, von Aronia, Faulbaum und Wildem Wein. Die meisten Bio-Balkonier finden das vollkommen in Ordnung und teilen – oder besorgen sich Vogelschutznetze. Wilder Wein funktioniert sehr gut im großen Kübel als Fassadenbegrünung, Sichtschutz oder Bienenweide mit toller Herbstfärbung und Beeren für die Vögel. Sich dort versteckende Insekten wie Käfer, Spinnentiere oder Falter sind ebenfalls Leckerbissen. Wilder Rankenwein (*Parthenocissus inserta*) braucht ein Rankgerüst oder Drähte. Die Jungfernrebe 'Veitchii' (*Parthenocissus tricuspidata*) klettert mit Haftscheiben am Mauerwerk. Beide solltest du regelmäßig einkürzen.

## Nachwuchs ganz nah

Viele Vogelarten brüten auf dem Balkon. Die Amsel begnügt sich mit einem Balkonkasten oder einer Lampe. Blau- und Kohlmeisen brüten häufig zweimal im Jahr auf dem Balkon und mehrere Jahre hintereinander. Je nachdem, welche Vögel in der Umgebung vorkommen, lädst du die entsprechende Vogelart mit dem Durchmesser des Einfluglochs vom Nistkasten zum Brüten ein. Im vorletzten Jahr brütete bei mir im 6. Stock eine Stockente. Mein Sohn brachte ihr morgens eingeweichte Haferflocken. Das sind unvergessliche Erlebnisse.

Stadtvögel sind viel weniger scheu als die Vögel auf dem Land. Trotzdem geht man in diesen kurzen Zeiträumen der Brut weniger häufig auf seinen Balkon, nur zum Hinstellen von Futter und Wechseln der Wassertränke. Die gehört

*Ziel vom Buntspecht ist das auf dem Tisch stehende Glas mit Erdnussbutter. Mit Fett am Schnabel fliegt er zum Jungen. Fettreiche Meisenknödel liebt er auch.*

*Ein nur 2 m² kleiner insekten- und vogelfreundlicher Balkon mit Tränke und den für Balkons günstigsten Futterstellen – hygienisches Silo mit Auffangschale.*

ganzjährig auf jeden Balkon als simple Unterstützung. Als Tränke eignet sich eine möglichst flache Schale. Im Hochsommer sollte sie täglich gereinigt werden. Zwei Schalen im Wechsel sind optimal.

## Ganzjahresvogelfütterung

Auf dem Balkon reichen kleine Futterspender, innerhalb des Balkons angebracht, um die Nachbarn nicht zu belästigen. Ich empfehle ganzjährig Futter in hygienischen Futtersilos anzubieten. Balkonbesitzer berichten immer wieder von erfolgreichen Aufzuchten von Jungtieren, die sonst vielleicht verhungert wären. Es dauert oft einige Zeit, bis die Vögel neu eingerichtete Futter-, Trink- und Badestellen annehmen. Habe Geduld. Die Vögel fliegen feste Routen. Sie müssen das neue Angebot erst entdecken. Wenn du regelmäßig ganzjährig fütterst, dann nehmen die Vögel auf ihren täglichen Runden deinen Balkon ins Programm auf und schauen täglich mehrfach vorbei. Unter dem Futterstellenbereich solltest du idealerweise keine Kräuter oder Gemüse anbauen. Andenbeeren, Kapstachelbeeren und Tomatillos bewähren sich, weil diese „eingepackt" sind.

Aus verstreuten Vogelfutterkörnern wachsen wundersamerweise Sonnenblumen, Amaranth und Hanf. Stare, Meisen und Sperlinge rupfen aromatische Kräuter für ihren Nestbau ab. Nicht schlimm, die abgerissenen Kräuter treiben wieder aus. Wir profitieren von den Vögeln durch ihre Lebendigkeit. Wer die meist in Gruppen anfliegenden lärmenden Sperlinge zu Gast hat, schmunzelt nun. Zudem picken sie unzählige Blattläuse und andere Kleinstinsekten ab. Natürlich machen sie auch Dreck, picken ein bisschen in den Balkonkästen herum, aber sie bringen uns Leben. Es ist toll, mitten in der Stadt Vögel aus der Nähe erleben zu können. Sie zeigen uns, wie sich alles in der Natur reguliert und sich gegenseitig nützt.

#machsnachhaltig

# LECKEREIEN FÜR TIERISCHE GÄSTE

Die einfachste Vogelfutter-Variante sind Meisenknödel. Wähle Meisenknödel ohne Plastiknetz, dort können sie sich verheddern. Es gibt schöne Meisenknödelhalter. Dazu ein Körnermischfutter aus großen und kleineren Körnern wie Sonnenblumenkerne, Hanf, Mohnsamen und Feinsämereien wie Distelsamen. Auf dem Balkon bieten sich geschälte Sonnenblumenkerne an, es fällt weniger herunter.

Es geht aber auch ohne Meisenknödel: Zarte Haferflocken und Schrot mit Rapsöl mischen, nur leicht rühren, denn es darf nicht verkleben. Das geht ohne großen Aufwand in ganz kurzer Zeit in einem Topf. Das Öl musst du nicht erwärmen, nur rühren. Darunter mischt du die Leckereien. Es entsteht kein Müll und man hat ein gutes Gewissen, weil für keinen Vogel die Netze gefährlich werden könnten. Wir dürfen unser Gewissen befragen, wie sinnvoll der Kauf von konventionell produziertem Vogelfutter ist, was mit hohem Pestizideinsatz unsere Feldvögel, Insekten und andere Wildtiere schädigt und dezimiert.

## Wiederbefüllbare Kokosnusshälften

### Das brauchst du:

- **2 ganze Kokosnüsse**
- **250 g Kokosfett**
- **2 Esslöffel Pflanzenöl**
- **400 g Körner-Leckereien: geschälte Sonnenblumenkerne, Haferflocken, Rosinen, Apfelstücke, gehäckselte Erd- und Haselnüsse, Mandelsplitter, Pinienkerne, Kokosflocken, Berberitzenbeeren, Cranberrys oder Saaten wie Spinatsamen**

Säge die Kokosnüsse quer in der Mitte auf und lasse die Flüssigkeit ablaufen. Nasche das Fruchtfleisch. Oben in der Mitte der Kokosnusshälfte ein Loch bohren und eine Kordel zum späteren Aufhängen befestigen. Erwärme das Kokosfett in einem Topf – ohne es zu kochen. Gebe das Pflanzenöl zu, damit die erkaltete Masse nicht brüchig wird. Alles untermengen und gut umrühren. Die Masse abkühlen lassen und in halb erstarrtem Zustand in die Kokosnusshälften streichen. Sind sie leergefressen, nach der Reinigung wieder neu befüllen. So einfach lassen sich auch die beliebten käuflich zu erwerbenden Kokosnusshälften befüllen und können im Dauereinsatz bleiben. Die häufigen Balkongäste Kohl- und Blaumeise, Sperlinge und Spechte nehmen sie gerne an.

*Fettfutter in Form von Meisenknödeln oder diese immer wieder befüllbaren Kokosnusshälften bringen den Vögeln die notwendige Energie.*

## Eichhörnchen-Leckereien

Eichhörnchen springen von Bäumen herüber, die vor dem Balkon oder nah am Dach stehen. Im Sprung legen sie Entfernungen von vier bis fünf Metern zurück. An Rauputzwänden klettern sie bis in den 6. Stock. Die käuflich zu erwerbenden Fertigmischungen mögen die Eichhörnchen gar nicht so gern. Besser ist es, einzelne Walnüsse, Haselnüsse und Sonnenblumenkerne hinzulegen. Artgerecht sind Nüsse mit der harten Schale, damit sich die ständig nachwachsenden Nagezähne abnutzen. Lege möglichst keine Erdnüsse aus, die Verdauung der Hörnchen ist nicht darauf eingestellt. Wer sich Eichhörnchen auf seinen Balkon wünscht: Geduld, Geduld. Eichhörnchen riechen Futter, wenn es ausgelegt ist. Aber sie vergraben Nüsse in sämtlichen Töpfen und graben sie wieder aus. Offensichtlich vergessen sie viele, hier treiben ständig Walnüsse aus. Nüsse als Vorrat einbuddeln ist ihre Natur – kein besonderes Futter hilft dagegen. Ganzjährig müssen Eichhörnchen Wasser bekommen. Hier teilen sie sich die Tränke mit den Vögeln. Neben Nüssen fressen sie Pflanzenteile. Grünkohl, Mangold, Wilde Malve, Goji, Ringelblume, Apfelblätter, Heidelbeerblätter, Fenchel und Mauer-Zimbelkraut futtern sie bei mir. Diese Früchte teilen wir: Himbeere, Erdbeere, Heidelbeere und Apfel. Weitere gute Snacks für Eichhörnchen sind: Weintrauben, Birnen, Kirschen, Melonen oder Champignons in kleine Stückchen geschnitten. Ein Eichhörnchen knabbert hier sogar Möhren. Beißen sie Zweige ab, zerfasern Schnüre von Makramee-Blumenampeln, dann bauen sie ein Nest, einen Kobel. Meine Erfahrung ist, dass sie lieber selberbauen, als Fertigkobel zu nutzen.

*Eichhörnchen lieben Walnüsse und Haselnüsse. Zur Zahnpflege besser mit Schale servieren, damit sie sich ihre Zähne abnutzen.*

# #MACHSNACHHALTIG-INFOS

Hast du Ideen für deinen genialen Bio-Balkon bekommen und willst loslegen? Möchtest du mehr über deine tierischen Besucher erfahren? Und wo gibt es hochwertige Insektennisthilfen, Vogelfutterstellen, Biosaatgut, Pflanzen, Substrate und Pflanzgefäße inklusive Beratung? Falls du bei dir vor Ort nicht das Richtige findest, haben wir einige Bezugsquellen im Internet zusammengestellt. Hier gibt es Literatur und nützliche Webseiten für großartige Pflanzkombis und DIY-Projekte für mehr Artenvielfalt und Ernteglück.

## Zum Weiterlesen


Berthold, Peter/Mohr, Gabriele (2021): **Vögel füttern, aber richtig.** Kosmos Verlag, Stuttgart.

Breckwoldt, Michael (2012): **Selbstversorger Balkon**. BLV, München.

Freiberg, Christa (2016): **Mein Heilpflanzenbalkon**. Verlag Eugen Ulmer, Stuttgart.

David, Werner (2020): **Fertig zum Einzug: Nisthilfen für Wildbienen**. Pala Verlag, Darmstadt.

Gastl, Markus (2021): **Permakultur und Naturgarten: Nachhaltig gärtnern mit dem Drei-Zonen- Modell.** Verlag Eugen Ulmer, Stuttgart.

Goulson, Dave (2019): **Wildlife Gardening: Die Kunst, im eigenen Garten die Welt zu retten**. Carl Hanser Verlag, München.

Heistinger, Andrea/Arche Noah (2013): **Handbuch Bio-Balkongarten. Gemüse, Obst und Kräuter auf kleiner Fläche ernten.** Löwenzahn Verlag, Innsbruck.

Heistinger, Andrea/Arche Noah (2016): **Kräuter richtig anbauen: Das Praxisbuch für Biogarten, Topf und Balkon.** Löwenzahn Verlag, Innsbruck.

Heistinger, Andrea/Grand, Alfred (2014): **Biodünger selber machen. Regenwurmhumus – Gründüngung – Kompost.** Löwenzahn Verlag, Innsbruck.

Herler, Jürgen (2019): **Hände in die Erde! Vertical Gardening – Für grüne, essbare Städte der Zukunft.** Ennsthaler Verlag, Steyr.

Keller, Nina (2022): **Wildblumen für Balkon und Terrasse.** Gräfe und Unzer Verlag, München.

Magazin Natur&Garten (2022): **Naturnahe Balkone und Topfgärten.** NaturGarten e.V.

Palme, Wolfgang (2019): **Ernte mich im Winter: Einfach immer frisches Gemüse.** Löwenzahn Verlag, Innsbruck.

Schattling, Birgit (2020): **Mein Biotop auf dem Balkon. Naturerlebnis und Ernteglück mitten in der Stadt.** Gräfe und Unzer Verlag, München.

Schwarzer, Elke (2020): **Meise mag Melisse.** Verlag Eugen Ulmer, Stuttgart.

Tatschl, Siegfried (2015): **555 Obstsorten für den Permakulturgarten und -balkon.** Löwenzahn Verlag, Innsbruck.

Westrich, Paul (2019): **Wildbienen: Die anderen Bienen.** Pfeil Verlag, München.

Windsperger, Ulrike (2021): **Permakultur auf dem Balkon: Reiche Ernte auf kleinen Flächen – Bio-Gärtnern für zuhause.** YUNA, München.

Witt, Reinhard (2022): **Das Wildpflanzen-Topfbuch. Ausdauernde Arten für Balkon, Terrasse und Garten.** Naturgarten-Verlag, Regensburg.


## Bezugsquellen & nützliche Adressen

**Webseite der Autorin mit Online Bio-Balkon Kongress**
www.bio-balkon.de

**Facebook-Erfahrungsaustauschgruppe zum Bio-Balkon Kongress**
www.facebook.com/groups/1291278840940692/

**Grüne Karte Bio-Gärtnereien und Bio-Balkone**
www.bio-balkon.de/karte

**Kräuter- und Duftpflanzen, Frühblüher, Blumenzwiebeln**
www.pflanzenversand-gaissmayer.de
www.syringa-pflanzen.de
www.naturalbulbs.de

**Einheimische Wildpflanzen, Kräuter**
www.gaertnerei-strickler.de
www.hof-berggarten.de
www.kraeutergarten-urban.de
www.gaertnerei-umbach.de

**Obst und Beeren, Gehölze, Sträucher**
www.biobaumversand.de
www.biobaumschule.schafnase.at
www.lubera.com (konventionell)

**Biogartenversand**
www.biogartenversand.de
www.gruenteam-versand.de

**Saatgut**
www.yosana.net
www.etsy.com/de/shop/NaturGartenSamen
www.bingenheimersaatgut.de
www.dreschflegel-saatgut.de
www.sativa-biosaatgut.de
www.reinsaat.at
www.samen-maier.at
www.rankwerk.de
www.tauschgarten.de

**Saatgut zur Erhaltung der Nutzpflanzenvielfalt, alte Sorten**
www.nutzpflanzenvielfalt.de
www.vern.de
www.arche-noah.at

**Vertikalbeete, Hochbeete**
www.herbios.at
www.bio-garten.at

**Pflanzgefäße**
www.lechuza.de

**Blumenkastenhalterung für das Fensterbrett ohne Bohren**
www.green-creations.com
www.blumenkastenhalterung.com

**Wurmkompostierung/Wurmkiste**
www.wurmkiste.at
www.wurmwelten.de
www.vermigrand.eu

**Torffreie Erden, Dünger, Pflanzenschutz**
www.neudorff.de
www.ökohum.info

**Kräuterjauchen, Trockenkräuter, organischer Dünger**
www.snoek-naturprodukte.de
www.schacht.de

**Effektive Mikroorganismen, Komposttee**
www.em-ug.de/product/balkonpaket
www.gartenleben.at

**Kräuterpulver als Blumendünger**
www.abtei-fulda.de/gartenbau/humofix.html

**Schafwollpellets**
www.wollduenger.de

**Insektenbalkon**
www.deutschland-summt.de
www.tausende-gaerten.de
www.wildermeter.de
www.naturgartenfreude.de
www.wildbienengarten.de
www.wildbienen.info
www.wildbiene.com
www.wildbienenwelt.de
www.naturgarten.org
www.hortus-netzwerk.de

**Pflanzenfinder**
www.floraweb.de
www.naturadb.de

**Hitliste der Schmetterlingspflanzen**
www.floraweb.de/pflanzenarten/schmetterlingspflanzen.xsql

**Nisthilfen für Insekten und Vögel**
www.wildbienenheim.de
www.naturschutzcenter.de
www.bundladen.de
www.nabu-shop.de
www.vivara.de
www.schwegler-natur.de

**Hilfe bei Schädlingen und Pilzerkrankungen**
www.giftfreiesgaertnern.de
www.neudorff.de/rat-hilfe.html

**Praktische Links/Beratung**
www.naturimgarten.at (mit Gartentelefon)

**Nützliche Apps und Technik**
Pflanzenerkennung: Flora Incognita
Pflanzenerkennung: PlantNet
Vogelstimmen: BirdNet

**Wildtierhilfen**
Schieterleiste – Auffänger für Vogelkot
www.eichhoernchenbuch.de/schieterleiste.htm
Facebookgruppe Wir helfen Wildbienen!
www.facebook.com/groups/wildbienenhilfe/
Facebookgruppe Rund um die Wildvogelhilfe
www.facebook.com/groups/966124520122528/
Facebookgruppe Wildvogelhilfe-Notfälle
www.facebook.com/groups/Wildvogelhilfe/
www.eichhoernchen-notruf.com

## Dank

Ich bedanke mich im 7. Jahr vom Projekt Bio-Balkon bei allen, die aus einem von Tausend guten Gründen angefangen haben, ihren Balkon zu begrünen. Ich danke der riesigen Bio-Balkon-Bewegung, die ihren Nachbarn, Freunden und Arbeitskollegen von ihren Natur- und Ernteerlebnissen vorschwärmt und ihre Erfahrungen weitergibt. Die auf den Geschmack gekommen sind, sich täglich mit Gemüse, Kräutern, Blüten, Schoten und Früchten hochwertig, erntefrisch, genussvoll, gesund, regional und verpackungsfrei zu ernähren. Die auf ihren Balkons Blütendüfte, Farben, Strukturen und leckere Ernten genießen, Fülle und Magie erleben und das Summen von Bienen & Co. lieben. Die sich durch ihre Freude und Kreativität leiten lassen und ständig neue Sachen entdecken, die sie früher überhaupt nicht wahrgenommen hätten. Ich danke allen, die über den Balkon die Lebendigkeit der Natur wahrnehmen und sie als unsere Kraftquelle schätzen. Wir sind ein Teil der Natur.

## Über die Autorin

Birgit Schattling initiierte die Bio-Balkon-Bewegung im Jahr 2017. Die Berliner Balkongärtnerin, „Natur im Garten“-Balkonbotschafterin, Veranstalterin der bisher zehn Online Bio-Balkon Kongresse, Jurorin beim Pflanzwettbewerb „Deutschland summt!“ ist Medienpreisträgerin 2018 der Deutschen Gartenbau-Gesellschaft 1822 e.V.. 2017 und 2019 war sie für den „European Award for Ecological Gardening“ nominiert. 2017 erhielt sie beim Grüne-Liga-Wettbewerb „Giftfreies Gärtnern“ einen Sonderpreis für Gärtnern auf kleinstem Raum.

# Register

## Bildquellen

**Bienhüls, Atessa**: S. 14/15, 18, 24, 48/49, 88 | **Binder, Stefanie**: S. 5, 6/7, 11 o., 96, 97 (beide), 99, 120/121 | **botanikfoto/Friederike Take**: S. 51 | **Di Mauro, Allessandro**: S. 91 | **Dietzsch, Gabriela**: S. 104/105 | **Fey, Marie**: S. 9 | **Flora Press**: Daniela Kunze: S. 22 (beide); FocusOnGarden/Sibylle Pietrek: S. 17 (beide); Meyer-Rebentisch: S. 19, 73 l. | **Frank Hecker Naturfotografie**: S. 109 r., 119 l. | **Fuchs, Markus**: S. 40, 100, 101 r., 109 l. | **GAP Photos/Robert Mabic**: S. 57 l. | **Heike Maresch/ernaehrungssouveraen.de**: S. 13 l., 43 (beide), 103 r. | **Ina Volmer, dbv network GmbH**: S. 11 u., 38, 125 | **Jacobeit, Ingrid**: S. 45 | **Jaschik, Andrea**: S. 59, 103 l., 110 | **Katrin Wittek/katrin_flora_fauna**: S. 32, 113, 115 (beide) | **Kreeft, Nicole**: S. 81 r. | **mauritius images**: S. 34/35, 37, 60, 61 r., 64, 66/67, 101 l. | **Möhrle, Bigi**: S. 52, 62, 94 | **Peters, Bettina**: S. 93 r. | **Reinhard, Hans**: S. 31 u. r. | **Ritter, Marion**: S. 117 r. | **Romeiß, Julia**: Titelbild, S. 8 | **Saupe, Steffen**: S. 36 | **Schällig, Ines**: S. 47 | **Shutterstock.com**: Ahmet Yasti: S. 84; Ann Louise Hagevi: S. 89 r.; Diana Taliun: S. 87; Franz Peter Rudolf: S. 39; giedre vaitekune: S. 53 r.; JoannaTkaczuk: S. 53 l.; JurateBuiviene: S. 89 l.; Lapa Smile: S. 33; Lorithie: S. 28; Protasov AN: S. 31 u. l.; Unkas Photo: S. 93 l.; Yes058 Montree Nanta: S. 85 r. | **Wappel, Martina**: S. 83 | **wurmkiste.at**: S. 25, 26 | Alle anderen Fotos stammen von **Birgit Schattling/bio-balkon.de**.

Die Zeichnungen fertigten: **Bodor Tivadar/Shutterstock.com**: S. 4, 5, 7, 122, 124, 126 | **Mayländer, Michaela**: S. 1, 3, 15, 49 | **nikiteev_konstantin/Shutterstock.com**: S. 35 | **Vector store/Shutterstock.com**: S. 121 | **vividvic/Shutterstock.com**: S. 105

## Impressum

Die in diesem Buch enthaltenen Empfehlungen und Angaben sind von der Autorin mit größter Sorgfalt zusammengestellt und geprüft worden. Eine Garantie für die Richtigkeit der Angaben kann aber nicht gegeben werden. Autorin und Verlag übernehmen keine Haftung für Schäden und Unfälle. Bitte setzen Sie bei der Anwendung der in diesem Buch enthaltenen Empfehlungen Ihr persönliches Urteilsvermögen ein. Der Verlag Eugen Ulmer ist nicht verantwortlich für die Inhalte der im Buch genannten Websites.

**Anmerkung zur Schreibweise (Gendering)**:
Gendergerechtigkeit und Inklusion sind bei uns gelebte Praxis – bei der Auswahl unserer Themen, bei der Recherchearbeit, in der Gestaltung. Unsere Texte meinen alle. Damit unsere Inhalte jedoch gut lesbar bleiben, verzichten wir in diesem Werk auf die jeweilige Mehrfachnennung oder Anpassung der Schreibweise bestimmter Bezeichnungen an die weibliche, männliche oder diverse Form.

**Bibliografische Information der Deutschen Nationalbibliothek**
Die Deutsche Nationalbibliothek verzeichnet diese Publikation in der Deutschen Nationalbibliografie; detaillierte bibliografische Daten sind im Internet über http://dnb.d-nb.de abrufbar.


Wollgrasweg 41, 70599 Stuttgart (Hohenheim)
E-Mail: info@ulmer.de
Internet: www.ulmer.de
Projektleitung: Carolin Witte
Konzept: Christine Hutschenreuther
Lektorat: Alessandra Kreibaum
Herstellung: Katharina Merz
Reihen- und Umschlaggestaltung: Michaela Mayländer, Stuttgart, www.sistermic.de
Satz: Marion Schreiber, www.marionschreiber.de
Reproduktion: time:ray, Jettingen
Druck und Bindung: Pustet, Regensburg
Printed in Germany

ISBN 978-3-8186-1767-7

FSC
www.fsc.org
MIX
Papier | Fördert gute Waldnutzung
FSC® C014889